LE GÉNIE CIVIL DE L'ARMÉE ROMAINE

古代ローマ軍の土木技術

街道・水道・運河などの建設事業をイラストで再現

[著　者] ジェラール・クーロン／ジャン=クロード・ゴルヴァン
[訳　者] 大清水 裕

マール社

謝辞

本書をより良いものとするために、写真を送ってくれたり情報を提供してくれたりすることで支援してくれた海外やフランスの同僚たちに心からの感謝を述べることができ、大変うれしく思っています。

アドリアン・アルデ（カランセベシュ博物館館長、ルーマニア）、ジョルジュ・デペイロ（フランス国立科学研究センター研究主任、高等師範学校、パリ）、ルネ・デメゾン（博士、ル・ブラン）、ジャン＝ピエール・ラポルト（研究者、古代・中世北アフリカ専門家、パリ）、フロリアン・マテイ＝ポペスク（ルーマニア学士院、ヴァジル＝パルヴァン考古学研究所、ブカレスト）、ユジェン・ニコラエ（ルーマニア学士院、ヴァジル＝パルヴァン考古学研究所所長、ブカレスト）、ウラディミル・ペトロヴィチ（セルビア科学芸術学士院、バルカン学研究所、ベオグラード）、ミシェル・モラン（古代ローマ史教授、パリ 13 大学）、ミシェル・ビド（ラ・シャトル＝ラングラン）、イヴ・スザンヌ（アルジャントン・シュル・クルーズ）、ルネ・キュベイヌとルノー・ボジョ＝ジュリアン（第 8 アウグスタ軍団協会）。本書をより良くするために用いた諸研究の同僚たちに関しては、「註」と「参考文献」に挙げました。

最後に、このプロジェクトへの貢献ゆえに、私たちの編集者オド・グロ・ド・ベレに謝意を表します。

師にして友人たるクリスチャン・グディノーの記憶に捧ぐ。

凡例

1. 本書はGérard Coulon et Jean-Claude Golvin, *Le génie civil de l'armée romaine*, Arles, Actes Sud, 2018の全訳である。訳者による補いは、〔　〕で示したほか、訳注を追加した場合もある。
2. 本書で紹介されている古典文献や碑文などの一次史料については、原書の仏訳からの重訳ではなく、ラテン語やギリシア語からの邦訳がある場合はそれらを引用し、出典は註に〔　〕で追記した。ただし、原書の表記を尊重して地名を現代のものに改めるなど、訳文の表現を一部改めた場合もある。邦訳がない場合は原史料から訳出した。
3. 地名については、原書の表記に従った。ただし、原書では古代の地名はイタリック体で表記され区別できるようになっているが、本訳書では反映されていない。原書で古代の地名に(　)で現代の地名が併記されている場合には、「現～」とすることで対応した。現代の地名に(　)で古代の地名が付記されている場合は特に注記はしていない。

目次

はじめに

「古代には…神々や法律への畏敬、祖国への忠誠、厳格な風紀、そして（意外なことに！）平和と秩序への愛が、都市においてと同様、軍団基地においても見出された。〔兵士たちは〕彼らが暮らす国家のエリートだったからである。この聡明なる軍隊にとって、平和とは戦争以上に厳しい職務であった。ローマそれ自体がそれを守る者たちの手によって形作られたように、軍隊によって、大地は大建造物に覆われ、街道が縦横に走り、水道橋のためのローマ式コンクリートが作られた。兵士たちの休息は実り多きものだったのだ。」

（アルフレッド・ド・ヴィニー『軍事的栄光と服従』1885年、第2章）

本書の主題は、軍事遠征中以外のローマ軍兵士たちの姿を示すことにある。兵士たちは、平和な時代ゆえに彼らが無為徒食に堕すことを恐れた司令官たちによって、土木作業に動員された。これら大規模な公益事業には、まずは予備的な調査、厳密な意味での建設、次いで維持や修復が関係している。第一に、征服された諸属州にはいないことが多かった高度な技術者たちが必要であり、次いで、献身的で規律正しい労働力がしばしば必要となる。

これらの土木事業は、大抵の場合、人々のためになされたものであり、街道や橋、水道、運河や水路などに関わるものだった。材料や適切な工具とともに軍隊の兵士たちの間に見出される、測量士(メンソレス)や水準測量技師(リブラトレス)のような専門家の指導が必要とされる、非常に複雑な事業もあった。とりわけアウグストゥスの治世の、都市の創設やそれに関わるインフラや記念碑的な諸施設の整備には、同じように重要だが異なる側面が見出される。しかしながら、正規の軍団兵も補助部隊の兵士たちも同様に、時にはそれほど重要でない別の仕事に駆り出された。すなわち、鉱山や採石場の労働、建設作業、湿地の干拓、ぶどうの植え付け、より一層ありきたりなことには、レンガや瓦の製造などである。

ページを進めていく中で、これらの作業を描写し、兵士たちの関与する状況——技術者としてであれ労働力としてであれ——を明確にし、彼らの力の注ぎ具合を測定し、大きな技術的困難を解決するために軍隊によって見出された効率的でしばしば巧みな解決法をその都度指摘することによって、とりわけ「土木」という言葉を正当化していくことになるだろう。私たちの事例研究と参照例はローマ帝国全体から採用されているが、史料次第だが可能な限り、私たちが個人的に研究に取り組んできた西方とガリアが中心となるだろう。同様に、例えばオベリスクの輸送や港湾建設といった、海洋土木やローマ艦隊によってなされた注目すべき事業について取り上げることは、その分野の情報が豊富すぎるために、断念せざるを得なかった。それは次回作のテーマである。

これらの諸問題に関する専門研究者たち——とりわけポール＝アルベール・フェヴリエ、フィリップ・ルヴォー、ジャン＝マリ・ラッセール、ジャン＝ピエール・ラポルト、パトリック・ル・ルー、ヤン・ル・ボエック——の先駆的諸研究に触発されて、一連の問題に答えるための情報を示すよう努めた。大規模な土木事業を指示した人物——最も多いのは皇帝や属州総督である——にとって、平和な時代には、軍隊は専門家や労働力の貯蔵場所だと組織的に考えられていたのだろうか？ 軍隊の関わり方はどんなものであり、兵士たちは完成までずっと関わったのだろうか？ これらの事業の完成を指揮した上官たちの本心はどんなものだったのか？ 属州の経済活動において、より広く言えば地域の開発や諸属州のローマ化において、これらの作業はどんな役割を果たしたのだろうか？

ローマの建築家：ある匿名の人物

ローマ軍の土木事業に入る前に、その設計者、建築家について多少述べておいた方が良いと思う。古代には、ラテン語の「アルキテクトゥス」という単語で想起される意味内容は、現在より幅広かった。建物の建築者という意味に加えて、攻城兵器を考案・作成する軍事技術者や、時間を計測する（日時計の）専門家、建設現場の機械考案者や、より広く機械全般に関わる人を意味していたのである。それゆえ、「建築家の知識は多くの学問と種々の教養によって具備され、この知識の判断によって他の技術によって造られた作品もすべて吟味される」。これは、前1世紀に生きた建築家ウィトルウィウスの著作で、建築学に関する古代から伝わる唯一の完全な概論である『建築書』の一節である[1]。この作品の中で、著者は、製図、歴史、幾何学、数学、光学、哲学、医学、衛生学、天文学、そして音楽に至るまで、多様な領域の数多くの知識を、建築家は持たねばならない、と述べている[2]。この多面的な学識は、幼年期から、理論ととりわけ実践によって、経験を積んだ師匠の下で現場において獲得されるものだった。ウィトルウィウスはこう付け加えている。「建築家は天賦の才能に恵まれていなければならないし、また学習にも従順でなければならぬ。なぜなら、学問なき才能あるいは才能なき学問は完全な技術人をつくることができないから」[3]。

この発言は実用本位の考え方に裏付けられたものだったが、いつも成功によって報われたというわけではなく、失敗に終わることもあった。ウィトルウィウスは、かつてエフェソスで建築家に建築費用を彼自身の財産で保証させるという規則があったことに言及して、凡庸な同業者を批判した最初の人物である。「この法がローマ人にもまた、単に公共の建物付属設備に対してだけでなく私人の建物に対しても、定められているようにしていただきたいものです。なぜなら、経験の浅い者が罰せられることなしに蔓延(はびこ)るのではなくて、この上なく精しく学問に通じている人たちが疑いなく建築に従事すべき（中略）でありますから」[4]。

それとは反対に、栄誉を獲得した建築家もいた。まず挙げられるのは、シリア出身のダマスクスのアポロドロスである。彼はトラヤヌス帝のダキア遠征に同行し、詳しくは後で述べるが、ドナウ川に橋を架けた。ルキウス・コルネリウスは、スッラの副官だったクィントゥス・ルタティウス・カトゥルスに招集された建築家である。彼は、工兵部隊を指揮して工兵隊長(プラエフェクトゥス・ファブルム)の役割を果たした後、建築家(アルキテクトゥス)となった。中でも、彼はローマに、共和政国家の公文書館であるタブラリウムを建てたことで知られる。しかし、その権限や能力がどれほどのものだったにせよ、彼がその名を建物に刻むことは許されなかった。その栄誉に浴したのは、出資者であり、彼の庇護者にして執政官でもあったルキウス・カトゥルスだけだったのである。ウィトルウィウス自身について言えば、ファヌム（現ファノ、リミニ近郊）にバシリカを建てたことが知られている。

これらの事例を除けば、古代ローマにおいては、建築物の設計者や建築家を同定できるのは例外的なことでしかない。P・グロが指摘しているように、「建築家は、〔建設を〕命じ支払いを行う人物の名を前面に押し出そうとする、複雑で流動的な機構の歯車の1つに過ぎない」のである[5]。とは言え、イタリアのポッツォーリの事例を見てみよう。そこでは、ある碑文が、アウグストゥス帝に捧げられた神殿の建設者として、ルキウス・コッケイウス・アウクトゥスという建築家の名を伝えている。しかし、アウクトゥスの名は壁の石に目立たぬように言及されているのに対して、この建物の発注者ルキウス・カルプルニウスの名は、エンタブラチュア〔柱によって支えられている建物上部の水平部材〕に大きな文字で刻まれている。マインツで発見された祭壇に刻まれた碑文からは、別の建築家の名が知られている。この建築家は、その名をアエリウス・ウェリヌスと言う[6]。彼は第22プリミゲニア軍団に勤務している兵士だったが、そのキャリアの中でどんな作品を考案したかは分かっていない。

建築家は名を知られないのが一般的だったと言うことはできないにせよ、彼らが目立たなかったという事実は、彼らに対する配慮が欠けていたこと、そして社会の中で彼らの地位が低かったことを雄弁に物語っている。そのうえ、ウィトルウィウスを信じるなら、多くの建築家は契約を取るために手練手管を弄さねばならなかった。支払いも悪かったから、建築家の大半は奴隷か解放奴隷で発注者に完全に隷属しており、単なる実務家の地位に抑えられていたのである。

兵士の建築家[7]

ローマ軍に入ることを望まない者があろうか。「それでは、どのような職業が兵士として推奨されているか、あるいは絶対に禁じられているか、見ていこう。漁師、鳥猟師、菓子職人、織工、その他女性に属すべきものとされている職業はすべて、私見では、陣営から排除されるべきだ」。4世紀末から5世紀初頭にかけてのローマの著述家で『軍事論』の著者ウェゲティウスはこう警告している[8]。それに対して、「鉄を扱う職人や木を扱う職人、肉屋、野獣を狩る猟師は軍に入るのに相応しい。国家全体の安寧は、心身のすこぶる健全な新兵を徴募することにかかっている。玉座の栄光とローマの名の礎は、この徴兵の一次審査に存しているのだ」。正規軍団兵と補助部隊の兵士の手先が巧みであることも、同じく重要だった。というのも、彼らは軍団基地の建設に参加するほか、軍事遠征中でなければ、土木作業にも従事するからである。入隊前に建設現場で既に働いている者もいれば、資格もなく、類似性や必要性に応じて建築現場で見習いをする者もいた。文献史料や碑文史料を参照してみると、

兵士たちに言及のある建築物に関係する職業は、以下のようなものである。3種類の技術職、建築家（アルキテクトゥス）、水準測量技師（リブラトル）、測量士（メンソル）と、6種類の職人、石工（ストルクトル）、石切工（ラピダリウス）、大工（ティグナリウス）、左官（テクトル）、絵師（ピクトル）、屋根職人（スカンドゥラリウス）である[9]。これら専門職（インムネス）の者たちは、しばしば階級を持ち、一箇軍団の定員の10パーセントまで、すなわち500から600名を数えた[10]。さらに、各軍団基地には作業場（ファブリカ）があり、そこでは武器だけでなく、兵士個人の携行品（サルキナエ）、特にのこ

グロマ〔測量器具〕の据え付け。この器具の支持棒の先端が地面に突き刺されていて、中心の鉛玉のついた紐は出発地点の上に位置している。十字型の回転部分の先端部分それぞれに取り付けられた鉛玉のついた紐は、しっかりと伸びている。グロマを使う準備はできている。

ぎりや、かご、シャベルや斧、も修理した。この作業場は、下士官（オプティオ）に補佐された工場長（マギステル・ファブリカエ）の指揮下に置かれ、土木事業も同様に準備していたのである。

皇帝や属州総督の要求に応じて、彼らはその仕事を完了させた。監視し、あるいは現場監督の流儀に従って土方作業や器具の操作をすることにいつも満足していたわけではなかったにせよ、良い体調を維持し、来るべき戦闘に備えていることを示すために、鶴嘴（つるはし）やシャベルを自ら操ったのである。そのうえ、彼らは「いずれにせよ何らかの形で支払いを受けていたので、安価な、あるいは無料の、労働力だったのである」[11]。

これらの作業をするために、兵士たちは道具や器具、器械を用いた。測量作業はグロマという測量器具を用いて行われ、また、それを補うのに水準測量にはコロバテス〔木製の水準器〕を用いた。定規と細い棒、コンパスを入れて、この道具一式は完成である[12]。他の素材に関する作業も、一般的な工具で行われた。例えば、石について言えば、小型の鶴嘴、金槌、くさび、先端の尖ったハンマー、両端の尖ったハンマー、ピン、針、はさみ、である。小規模な現場では、石を持ち上げる作業は単純な滑車や巻き上げ機で行われた。

水準測量技師は、自分に最も近いところにある紐についた鉛玉が、十字型の反対側についている紐の先の鉛玉を完全に隠すような場所に立っている。彼はサインを送って、棒を持っている人がちょうど（グロマの2つの鉛玉を結ぶ線の）延長線上に来るよう促している。一度場所が決まったら、その棒は地面に立てられる。グロマの十字型の別の枝棒の先に付いた鉛玉と紐を照準とすることで、それと直角に交わる線上に棒を立てることも可能となる。

コロバテス（木製の水準器）が水平かどうかは、装置の上に穿たれた溝に入れられた水の水位と、鉛玉の付いた側面の紐で示された。その水平具合は、装置の下に挿入されたくさび形の支えによって調整された。計測者の視線が、装置の両端に取り付けられた2つの接眼部の十字型を通ることによって、その視線はしっかりと方向を定められ、完全に水平となる。それから計測者はサインを送り、（照準となる）棒を持っている人を、その棒の先端部が照準線上に来るように、誘導する。それで高さは照準と一致することになる。地面の勾配を計測するために、コロバテスとの間の距離を計測する必要もある。これらの情報は書いて記録されねばならなかった。この作業を注意深く繰り返すことで、作業に着手する前に地面の状態を正確に知ることができたのである。

荷がさらに重くなった場合には、作業員たちは、頂上部で一致するように2つの木材を組み合わせた滑車のついた巻き上げ機を用いた。同じ原理で動くが、内部で動く人の力を伝える中空の大きな回転部を備えた「マイウス・ティンパヌム」という別の機械も、大きな威力を発揮した。というのも、何十トンもの重さのものを持ち上げることができたからである[13]。土木事業の各現場で、それぞれ特別な機械が用いられた。「フィストゥカ」という杭打機は、橋脚の基礎となる杭を地面に深く打ち込むことを可能にした。落ちるときの衝撃で杭を打ち込む巨大な石（ドロップハンマー）を誘導するための高い骨組みを持った装置も組み立てられた。特殊な杭打機（フランス語でtiraude à sonnetteと呼ばれる）は、杭を斜めに打ち込むことができた。後で見るように〔69ページ〕、前55年にライン川に橋を架けるためにカエサルによって考案された技術である[14]。

「兵士から暇を奪いとるために」

この表現は、ローマの将軍たちがその麾下の部隊を大規模土木事業に従事させる理由に触れる際、古代の作家たちが繰り返し用いたものである。その執拗さには、立ち止まって考えてみる価値があるだろう。例えば、ティトゥス・リウィウスは、前187年、イタリア北部で、執政官ガイウス・フラミニウスが「近隣との平和を再び確立した後、兵士たちを無為にしておきたくなかったので、ボローニャからアッレティウムまでの街道を建設させた」と伝えている[15]。この街道は敷設者の名をとって、小フラミニア街道と呼ばれている。この街道については、後ほど改めて触れたい。さらに後、前101年には、マリウスが、フランス南部でマリウス運河を開削させた。それは、ローヌ川の河口部を迂回するためだったにせよ、プルタルコスは「手のすいている部隊を差し向けて」働かせるためだったと記している[16]。同じような正当化は、後47年に現在のオランダでなされたコルブロによる運河整備に関して、「兵士から暇を奪いとるため」だったとして、タキトゥスによっても行われている[17]。その言葉づかいは、ライン川の堤防に関して「兵士に怠けぐせをつけないように」と書かれているのと同じである[18]。

軍隊が無為に置かれていることに対する嫌悪はローマ史を通して見られるものであり、「兵士たちを暇な状態には決して置かなかった」というプロブス帝（在位276～282年）で頂点に達した[19]。彼の伝記はそれ以上のことを言っている。「プロブスは兵士たちが手持無沙汰の状態にあることを決して許さず、また兵士は何もせずに軍用食料を口にすべきではないと言って、多くの作業を兵士の手でさせていた」[20]。

平和な時代に生じる無為は、将軍たちの嫌悪の的であり、兵士から精力、勇気、そして何よりも規範意識を取り除いてしまうものだった。タキトゥスを信じるなら[21]、後54年に対パルティア戦争の命を受けたコルブロにとって「もっと困難だったのは、敵の背信より部下の士気のたるみに対する処置であった」というほどだった。そして、このラテン語を用いた歴史家は、兵士たちの無気力がもたらす災厄について長々と記している[22]。「シュリアから転送された軍団兵は、長い間の平和のため怠惰となり、陣営の課す義務にひどい嫌悪を示していた。この軍隊の中に、歩哨や夜警についたことがなく、また堡塁や壕を見て、まるで初めての風物のごとく驚き怪しむ古兵がいたという話は本当である。彼らはめいめい甲冑も兜も持たず、そのくせみなりは飾り立て、たんまり金を蓄え、町のまん中で軍隊生活を送っていたのだ」。コルブロは「行軍中も労務中もそばに寄って、真摯な兵をもちあげ、脆弱な兵を慰め、すべての兵に模範を示し」て、兵士たちを働かせ、隙のない厳格さを示して、皆に規律を取り戻させたのである。

ウェゲティウスも〔兵士たちの〕無為と柔弱とを公然と非難している。彼は、土木作業を〔兵士の〕無気力に対する解毒剤としては言及していないとしても、休暇の廃止、厳しい規律、ひっきりなしの閲兵や演習、疲労するほどの訓練、水泳や作業の演習に劣らず、森林を切り開いたり水路を掘ったりすることを推奨している。彼の結論では、「しかしながら、罰則の恐怖によって兵士たちを従わせるよりも、労働や規律によって兵士たちを従順にしておくほうが、将軍にとっては名誉なことである」[23]。

ずっと後になっても〔兵士たちの〕無為に関する同じような懸念が見出される。1797年に出版された百科事典『体系事典』の『軍事論』に関する巻[24]の「無為、怠惰、あるいは有用かつ適切な職務の欠如」という項目には次のように書かれている。

「皆が不調に陥るような怠惰は、無秩序の一種である。活発な性質をもつ人間の精神は、無為のうちに過ごすことはできず、何か良きことに従事していなければ、不可避的に悪に没頭してしまう。なぜなら、無関係なことがあったとしても、それだけが精神を占めていれば、それは悪となる。無為という習慣は、人や市民の義務に反するものなのである。というのも、何かにとって良き存在たること、とりわけ自身が属する社会に役立つことが、人や市民の一般的な義務だからである。（中略）道徳が無為に対して言えることはせいぜい、重大事をなしえないほど常に弱体となってしまうだろうということである。人間の想像力が培われねばならない。すなわち、真実が示されなければ、想像力は、享楽や悪意に導かれた幻想を作り出してしまう」。そして、この項目の執筆者は、軍隊における無秩序に触れて、それを〔兵士たちの〕無為に帰し、古代ローマに先例を求めている。彼は話を続けて「プブリウス・ナシカは、彼が望んでいたわけではなかったにせよ、ローマ人たちを働かせるために、海軍に必要な施設を建設させた。既に、敵よりも無為の方が恐れられていたのである」。最後には、総裁政府の軍隊に言及して、ローマ軍団の軍事的資質を賛辞をもって称えている。「従って、ローマ軍兵士が果てしなき労務で保持されていた間ずっと、われらが軍隊は過度の労働で害されていた。というのも、われらが兵士たちは絶えず過度な労働にさらされたり過度な無為に置かれたりしているのに対し、ローマ人の疲労は継続的なものだったからである」。

結局、戦争というエピソードが兵士のもとを通り過ぎていくとは言え、平和は兵士を堕落させる。この暇な時期に行われた大規模な土木作業もまた、兵士たちの勇気、精力、規律を保つのに常に役立っていたのである。

大規模事業と兵士の精神状態

正規の軍団兵と補助部隊の兵士たちからなるこれら職業軍人たちは、恐らくこれらの仕事を副次的でうんざりするようなものだと、むしろ品位を汚す賦役に等しいものだと見なしていたであろう。彼らは、これらの仕事を達成すべき義務だと、どうやって考えることができたのであろうか。

槍や剣をシャベルや鶴嘴と取り換えた兵士の気持ちを教えてくれるような史料は稀である[25]。しかし、タキトゥスと『ローマ皇帝群像』という2つの文献史料と、アフリカ・プロコンスラリス属州のある碑文、そしてパピルスに残る書簡が、彼らの精神状態を垣間見せてくれる。まずは碑文から見ていこう。1970年にリビアのブ・ンジェム＝ゴライアで発見されたもので、222年に百人隊長マルクス・ポルキウス・イアスクタンの求めで、彼が監督したばかりの門の再建を記念するために刻まれた[26]。この士官は、「敬虔にして勝利者たるアントニヌス朝の」第3アウグスタ軍団に属する男たちの献身と熱意によって作業が早く完了したことを強調している。「少数の兵士たちの力が驚異的な速さに結び付いた。彼らは資源を無駄にすることなく、カムルクス〔牽引道具の一種〕――フランス語ではchamulque[27]――で遠方から石を運んだ。アーチ部分の下では、兵士たちの力が麻のロープをきつく引っ張るために用いられた。かくして今や、すべての兵士たちがそれを直ちになそうと競い合ったのである」。さらに彼は、それらのチームの作業への取り組み、団結や連帯を強調する。というのも、彼が言うには「これらの兵士たちの中で、それぞれが大いに自発性を示し、誰も自分の仕事を優先しようとはしなかったからである」。この百人隊長の熱意は、配下の男たちと共有されていたということだろうか？ いずれにせよ、この史料を信じるなら、この仕事は迅速にかつ素晴らしい雰囲気でなし遂げられたように思われる。マルクス・ポルキウス・イアスクタンは、必要とされる洞察力と指揮のセンスを持っていたらしい。

次はパピルス上の手紙である。この手紙は、107年にシリアのボスラにいた軍団兵ユリウス・アポッリナリスによって出されたもので、エジプトのカラニスにいた彼の家族に向けて書かれている。第３キュレナイカ軍団に属していたユリウス・アポッリナリスは、事務仕事に従事していたことは明らかであり、幸運にも肉体労働を免れていた。この場合は、ローマ街道の建設である[28]。「他の人たちは一日中、石を切ったり他のことをしたりしていますが、私は今までのところ、その手の苦労は何もしていません」[29]。

このような肉体労働は、しばしば疲労困憊させるようなものであり、とりわけ危険であることが分かった場合には、兵士たちのやる気を失わせた。『年代記』の中でタキトゥスは、１世紀半ばのゲルマニアでコルブロが——クラウディウス帝が敵地での交戦を禁じ撤退するよう命令を送っていたので——軍事行動によってではなく、ムーズ川〔マース川〕とライン川を結ぶ運河の開削によって、凱旋将軍顕彰を獲得したことを伝えている。これは模倣者を生み出すような報奨だった。実際、しばらくすると他の将軍が地下の銀鉱床を開発して同じ特典を獲得することに成功した。しかし、数多くの死者を出す割に栄誉とするところのほとんどない、報われることのない仕事にうんざりして、「これと似たような苦役が、あちこちの属州で強制されたので、兵士はたまりかねて、密かに書簡をしたため、全軍隊の名前で最高司令官にこう嘆願した。『あなたが将軍に軍隊を委任しようと欲したら、まえもってその将軍に凱旋将軍顕彰を与えておいて下さい』と」[30]。

この皮肉を込めた手紙は、一方では皇帝に対する軍団の信頼を、他方では——むしろこちらが重要なのだが——彼らには相応しくないと彼らが思っているような、そんな仕事に従事させられている部隊のいら立ちを、示している[31]。

２世紀以上後の、兵士たちによるプロブス帝の暗殺は、皇帝が兵士たちに課した仕事の量よりも、兵士たちの精神状態を示唆している。『ローマ皇帝群像』によれば、282年、平和が確立されて「プロブスはシルミウム[32]へ来た時、生まれ故郷の土地を富ませて、広げようと望み、ある沼地を干拓するために巨大な排水路を作る計画を立てて、何千もの兵士を同時に投入した。プロブスは、複数の開口部を通してサヴァ川[33]へ流れ込むこの排水路によって、土地を干拓し、シルミウムの人の利益を図ったのであった」[34]。耐え難い暑さゆえに、そして近年平和が確立されたので帝国には軍隊がもはや必要なくなるだろうと皇帝が語っていたこともあり、軍団兵たちは反乱を起すことを決めた。「兵士たちは、この行為に怒り、鉄の塔——プロブス自身が［兵士の］監視のために非常に高く作らせたものであった——に逃げ込んだプロブスを殺してしまった」。しかし、『ローマ皇帝群像』によれば、兵士たちが刻ませたという（偽造された！）墓碑銘が記しているように、兵士たちは皇帝を敬愛していたのである。「ここに、真に『高潔であった』プロブス皇帝が眠る。あらゆる蛮族に対する勝利者にして、簒奪帝に対する勝利者」。

このエピソードは、事実かどうか議論はあるにせよ、本来的には軍事的なものであるはずの労働力を用いて、パンノニア——ドナウ川によって北側と東側を画された属州で現在のハンガリーとオーストリアの東部を占めている——のこの地方を経済的に発展させたいという皇帝の関心を示している。しかし兵士たちは、その使命を全く別物だと思っていた。この大事業にいら立ち、たとえそれが人々のためになされるのであっても、その役割が土木事業にまで及ぶことを望まなかったので、彼らはそれを命じた人物を殺害するに及んだのである。

ローマの栄光のための人目を引く事業

確かに、帝国内で行われた数多くの事業は人々のためのものだったが、何よりも、ローマの遍在と偉大さとを属州民の目に焼き付けるためのものだった。そして、軍隊は、皇帝権の至上性を具現化するのに、紛れもなく最も有効な手段である。本書のこれに続くページの中で見ていくことになるが、これらの巨大事業は、その時に刻まれた碑文の内容を信じるなら、自然の力を服従させる力を持つ唯一の存在たる君主の栄光を明らかにするものだった。2つの碑文が、そのことを明白に示している。

現在のオランダでは、ローマ人が到来するまで、先住民が、航海やライン川のデルタ地帯での生活という困難な諸条件に適応して暮らしていた。ローマの水利工学によって大規模な河川改修が行われることで新時代が開かれたのは、ユリウス・カエサルのとき、次いで後1世紀半ば以降のことである。この巨大事業はデルタ地帯の環境の人工的な改変を初めて可能とし、交通をより簡単にした。この目を見張る変化は、3つの施設の整備によって生じた。すなわち、ドルススの堤防、ドルススの運河、コルブロの運河である。帝国の重要な国境の1つであったこの地で、そこに集められた諸軍団は不可欠な役割を果たしたのである[35]。

ライン川のデルタ地帯で、ローマとその皇帝は、専門家たちの高度な技術により水に対して勝利を収めた。ドナウ川流域では、鉄門の隘路（あいろ）において、岩に対して勝利している。そこでは、ドナウ川に入り込む形になっている岩山の側面に道を通した。これは2世紀初頭のことで、この巨大事業は有名な「トラヤヌス帝のタブラ」によって記念されている。このラテン語の碑文では、トラヤヌス帝が「山々を切り開いた」と言明されている。これと全く同じ文言は、帝国の他の場所でも見出される。ローマ属州シリアのバラダ川流域では、163年から165年、マルクス・アウレリウス帝とルキウス・ウェルス帝の治下、属州総督が「山々を切り開いて」川の増水で破壊された街道を再建させている。後ほど改めて見ていくことになるけれども、これらの事業は兵士たちの手で実現され、皇帝権を真に「地上における自然を越える支配者」として寿ぐものだった[36]。レバノンでは、岩に掘られた碑文が同じ様式をとっている。ベリュトス（現ベイルート）の北部で、216年から217年、カラカラ帝の栄誉を称えて、第3ガッリカ・アントニニアナ軍団によってなされた事業のための碑文である。

ここで取り上げた4つの事例においては、地理的にも年代的にも非常に異なっているにもかかわらず、皇帝のプロパガンダの文言は同じである。つまり、自然は皇帝の意志や決断に服従するというのである。タキトゥスはもっと先を行っている。彼によれば、皇帝は大胆にも時に「自然の拒絶したものまでも人工的に創造した」[37]。これらの壮挙は、ローマの技術者たちのもつ高度な技術によって可能となったのであり、彼らの多くは軍隊に属していたのである。

ヒスパニアのように、平和が支配しているような時でさえ属州にローマ軍が存在していたことは、こうして正当化される。いずれにせよ、これらの土木事業は、人々にもたらすその恩恵によって、属州民のローマ化に長期にわたって有利に働いたのである。

運河の掘削

前104年のことである。キンブリ族やテウトニ族がヨーロッパの北からやって来て、ガリアやヒスパニアを荒らしている。北から現れたこれらの「蛮族」がイタリアまで脅かすようになると、ローマは、彼らに軍事的に対処するために執政官ガイウス・マリウスを任じた。

マリウスの運河

プルタルコスは次のように書いている[38]。「敵が接近したと知るとマリウスは、急いでアルプスを越えて、ローヌ河畔に防壁で固めた陣を布き、そこに物資を豊富に集めた。必需品が不足して、そのために、出撃には不利と判断されるにもかかわらず、出撃せざるを得ない、ということにならないようにと考えたからである。それまでは、海路輸送された物資は、陣営までの距離が遠くて高価についていたが、マリウスはそれを容易かつ迅速にした。まずローヌ川の河口は、打ち寄せる波によって逆流が生じ、そのために大量の土砂が堆積し、食料輸送の船舶が河口内に入るのは困難で時間がかかっていた。マリウスはそこへ手のすいている部隊を差し向けて大きな運河を掘り[39]、そこへローヌ川の水のかなりの部分を移動させて、海岸の適当な場所に導いた。そしてその運河は大きな船も入れる深さとし、波に洗われない静かな河口を開いた。この運河は今もマリウスの名を守って、マリウス運河と呼ばれている」。

３人の他の古代の著述家たち、すなわちストラボン[40]、大プリニウス[41]、ポンポニウス・メラ[42]が、アルルと

マリウス運河の水路。クロー平野で掘削された部分の想像図。

カマルグのウルメの小さな港の復元図。ローヌの支流に位置していて、桟橋や施設を備えていた。

地中海をより簡単に結ぶためにマリウス軍によって掘られた運河について伝えている。この事業が当初は軍への補給のためになされたのであったとしても、同盟者たるマルセイユ人たちに報いるために、後に彼らに譲渡された。譲渡されたことによって、川を上下する全ての船から通行料を徴収することが可能となり、後１世紀末以降、運河の通航が困難となり放棄されたにしても、彼らにとっては大きな収入源となった。

プルタルコスは、この運河開削の理由を明白に示している。堆積物の沈殿がローヌ川の河口を次第にふさぎ、砂州——すなわち川と海がぶつかるところにできる砂の堆積——が航行をとりわけ危険なものとしていた。ストラボンが「川口の前方に堆積土があるため川口が塞がれて入航し難くなっている」と述べたとき[43]、彼が強調していたのはこの現象なのである。時と共にこの砂州は姿を現すようになった。他方、ローマの船の喫水線は浅かったことが分かっている。その喫水線は3メートルを越えることはなかったからである。この運河の開削は、最終的に前2世紀末、ガイウス・マリウス軍の技術者によって提示された「このデルタ地帯において観察される様々な堆積作用と海の動き」[44]に対する回答なのであり、その結果、前125年頃、河口の数は2つから3つに増えたのである。

今日では、マリウスの運河の位置は議論の的となっている。古代以来、フォス湾の海岸線は大きく変動しており、それが考古学的な調査をとりわけ難しくしている。しかしながら、マリウスの運河を、フォスに一番近いウルメの東部分流や、とりわけポイティンガー図に描かれたマリウス運河（フォッサエ・マリアナエ）上の停泊地（スタティオ）をはじめとする湾岸の港湾施設との関係で、デルタの東側に位置付けることについては研究者の意見は一致している。この運河の開削にあたって、技術者たちは傾きを僅かにして流量を抑制したので、双方向への航行が可能となった。この水路の経路全体を兵士たちが掘ったわけではなく、ウルメのローヌ川の分流を几帳面に修正し、川幅を定めて、それを利用したというのはありそうなことである。この地方に、マリウスは5箇軍団、すなわち3万人ほどを展開していた。補助部隊も加えれば、6万から7万を数えたと思われる。この数は精確ではないが、最低限の数字である。これほどの設備を掘り進めるのに十分な労働力である。

コルブロの運河

ラテン語で著した歴史家タキトゥスとギリシア語で著した歴史家カッシウス・ディオ[45]は、二人ともコルブロの運河に言及している。タキトゥスはこう書いている。「彼[コルブロ将軍]は、兵士から暇を奪いとるため、ムーズ川とライン川の間に、23マイルにわたる運河を貫通させた。これは、不安定な北海の航行をさけるのが目的だった」[46]。カッシウス・ディオの方はもう少し詳しい。「軍団の指揮権を再任されると、[コルブロは]それでもなお同じ軍規を適用した。平和になると、ライン川とムーズ川の間で、全長172スタディオンに及ぶ運河を兵士たちに開削させた。この運河は、川の逆流を防ぎ、満潮時に水があふれるのを防ぐためのものだった」[47]。

短い記事であるにもかかわらず、これら2つの史料から、まずはこの施設の場所を同定することができる。ローマ属州下ゲルマニア、今日のオランダのホラント州南部、ライデンとデルフトの間である。この運河は、古ライン川とムーズ川の河口(ヘルニウム)を結んでいた。次いで、彼らは長さを示している。タキトゥスによれば23ローマ・マイル、つまり34キロメートル。カッシウス・ディオによれば172スタディオン、つまり31.5キロメートルである。2つの数字は近く、恐らく現実を反映したものだろう。つまるところ、これら2つの史料は、この運河の技術的・環境的な役割を正確に示している。とりわけ大潮の時に、川が氾濫して河口部を浸水させるのを妨げて、船の航行を確実なものとするためだった。

1962年、次いで1989年から1992年にかけて、そして新たに2004年と複数回にわたって、オランダの考古学者たちがこの運河の存在をしっかりと確認しているにもかかわらず、運河の跡が完全に確認されたというにはほど遠い。しかしながら、年輪年代学的な分析からは、この建設事業が後1世紀半ばになされたことが確認されている。運河の幅は12から14メートル、深さは2メートルであり、ライン川河口や北海に接する悪条件の航海には対応できないような平底船は、安全にコルブロ運河を利用することができた。同じくこれらの発掘のおかげで、恐らくこの運河が何もないところから開削されたわけではなく、むしろ「既に存在していた小さな水流を人工的に結び付けたもの[48]」だったことが分かっている。この運河は、3世紀半ば頃まで船が航行していたものと思われる。このように長く使われていたことは、200年にわたって、その河床や土手が継続的なメンテナンスの対象となっていたことを示している。これらの修理や継続的な補修は、大量の戦略的な輸送を証言するものであり、年輪年代学的な研究からも確証されている。それによれば、とりわけ86年から87年、次いで124年から125年の痕跡がみつかっている[49]。

一見したところ、コルブロによる30キロメートルほどの運河の整備が既に存在していた水流を利用し、それらを相互につなげることで満足したことを踏まえるなら、比較的簡単なものだったと思われるかもしれない。しかしむしろ逆に、M・S・モランが記すように、「ローマ人の技術的寄与を過小評価すべきではなく、これらの水路を連結しようとする努力は、ローマが地域の環境構造について持っていた理解力と支配力を証言しているのと同時に、この水利環境を一貫性のある効率的なものに変えるために、ローマの工学が元々あった川の外形を利用したその能力を明確に示しているのである」[50]。

この帝国の辺境において、その力、激しさ、氷のゆえに、古代には半ば神話的な川だったライン川に隣接したこの場所で、コルブロのこの運河が例外的な施設だったことは明らかである。この運河は、ライン川とムーズ川の河口部の激しさを治めるために開削され、その後は水兵や正規軍団・補助部隊・騎兵部隊[51]の兵士たちの熱意によって維持されたのであり、ローマ軍とその技術者たち、労働者たちの、土木技術を燦然と示しているのである。

ネロとコリントス地峡開削の試み

1894年1月、コリントス運河の公式開通から数か月後、フランス船「ノートルダム・ド・サリュ」が初めてこの運河を通る船となった。乗組員や乗船客たちが、彼らの通っている水路が18世紀以上も前にローマ人技術者によって確定されていたことを知っていたか否かは定かではない。古代には、イオニア海のコリントス湾からエーゲ海のサロニカ湾に航行しようとする船乗りは、遠くペロポネソス半島の南端を迂回することを強いられていた。この迂回路により、8日から10日ほどの余計な航海を余儀なくされた。「長く危険な」[52]航海をせずに済ませるために、軽量の船ならディオルコスという、船が陸路で地峡を越えることを可能とする深い溝を備えた舗装道路を利用することができた。前7世紀末か前6世紀初頭に整備されたもので、6から8キロメートルの長さに及んだ。その道の傾斜に従って、そりやローラーを使って、積み荷に応じて獣脂や松脂を使って丸太の滑りを良くしたり、車輪付きの架台を使ったりして、船を移動させることができた。横断には、恐らく3時間から5時間かかっただろう[53]。

しかし、陸路による船の輸送は、緻密なうえに危険な作業が必要とされたから、早くから地峡の開削が検討された。前627年から前585年のコリントスの僭主ペリアンドロスが、そのアイディアを提唱した最初の人物である。アシア（前306〜前301年）とマケドニア（前294〜前288年）の王だったデメトリオス1世ポリオルケテスによっても取り上げられた。その後、ローマがこの巨大事業を担うことになり、まずはカエサルの名の下に、マルクス・ウァッロの手に委ねられた[54]。しかし、独裁官〔カエサル〕の死によりこの試みは頓挫した。カリグラ帝は、この事業の巨大さに幻惑され、同じような野心を抱いた。スエトニウスが伝えるところによれば、「工事調査のため」[55]上席百人隊長を現地に派遣していた。この高位の技術者を、恐らく技術者チームと共にアカイアに派遣することで、皇帝はこのプロジェクトへの関心の高さを示していたのである。実際、上席百人隊長（プリミピラリス）は百人隊長の最高位にあたり、第一歩兵隊の第一中隊の最初の百人隊を指揮していた。Y・ル・ボエックが付け加えるところによれば、「上席百人隊長は年長の百人隊長であり、軍事を扱う際には事実上の軍事評議会となった元首顧問会の任務とも協力関係にあった」という[56]。確かに、この場合にはローマは戦争をしていたわけではなかったけれども、地峡を開削するこのプロジェクトがカリグラに最も近しい顧問官たちによって議論され、承認されたことは確かである。そして、この決定は、軍内で最も経験豊富かつ巧みな技術者の一人を派遣することによって具体化された。最終的にはネロ帝が、66年から67年のギリシア旅行の際に、開削作業を実際に開始させた。しかしながら、この皇帝がその治世で唯一のギリシア旅行を行ったのは、この例外的な規模の土木事業を開始するためではなかった。その理由はもっとくだらないものだった。スエトニウスを信じるなら、皇帝がギリシアに来たのは、「ただギリシア人のみが、音楽を聞く耳を持っている。私にふさわしいのは、私の努力に価するのはギリシア人のみだ」と語った後[57]、数多くの歌唱競技祭に参加するためだった。いずれにせよ、ネロ自身が鍬入れを行って[58]、開削の最初の作業を開始させたのは、この旅行のおかげである。また、鍬入れをしてこの事業を開始するにあたり心配した彼は「テントから出てくるとき、アンフィトリテとポセイドンの讃歌とメリケルテスとレウコトエのための歌を歌っていた」と、ギリシア語の著述家サモサタのルキアノスが伝えている[59]。「ギリシアの総督が彼に黄金製の二股のくま手を手渡すと、拍手喝采と歌声の中で彼は掘削をはじめた。3度にわたって大地を穿ち、職務に精励させるよう、作業開始を任された者たちに命じると、ヘラクレスの全ての功業を乗り越えたと確信して、コリントスへ帰って行った」。スエトニウスは、「工事を開始するとき、ネロは集会で護衛隊兵を激励し、喇叭(ラッパ)で合図を与え、まっ先にみずから鍬で掘り、畚(もっこ)に土を盛り肩に担いで運ぶ」と書いて[60]、この話を補っている。

この巨大事業を開始することによって、ネロは、ダレイオス、クセルクセス、アレクサンドロス大王といった1世紀当時に伝説的な大事業とされていた諸事業の当事者の中に自らを位置付けたのである。例えばクセルクセスは、前480年、カルキディケ(ギリシア)のアトス半島を横断する運河を開削させた。ネロは、自らの企図を、これらの栄光ある先人たちの威光に並ぶもの、あるいはそれを凌駕するものであると確信していた。また、より平凡な話をすれば、この事業はイタリアとギリシアの商業流通を簡単にするものだった。サモサタのルキアノスが示唆しているように[61]、ネロは少々頭が狂っていたか、完全に思い付きだったと考えるべきかもしれない。実際のところは全く異なり、〔その失敗には〕2つの理由があった。まず、コリントス運河開削プロジェクトは、それまでの商業の体系を滅茶苦茶にし、その利益を侵害するものだった。そのような状況では、準備不足は致命的なものとなりかねず、広く反感を招いただろう。第2に、ローマは、このような事業につきものの数多くの宗教的偏見に打ち勝たなくてはならなかった。2つの海の間に通路を造るために地峡を開削するということは、確立した秩序を破壊することで神々を侮辱し神聖冒瀆をなすことになるというのだ。それゆえ、クニドス(トルコ)の住民は〔半島の先端にある〕その領土を島にしようと望んだが、地峡の開削に酷い困難を感じていた。彼らは、着手はしていたが未だ完成はしていなかったその事業について、アポロンの巫女に伺いをたてるためデルフォイに赴いた。神託は「地峡に砦を構えることも、濠を掘ることも相ならぬぞ。ゼウスにその御心あらば、島になされた筈じゃ」と回答したのである[62]。それはさておき、ネ

[次ページ見開き]アカイア属州の州都だったコリントスは、前面に公共広場(アゴラ)と公共施設群が広がっていた。街路は、湾岸のレカイオン港につながっている。右手奥には、サロニカ湾とつなげるべくネロが運河の開削を開始し切り開こうとしていた狭い地峡が見える。

ロとコリントス地峡の話に戻ろう。

68年のネロ帝の死によって開削事業が放棄されたとすれば、何十年にもわたって準備され計画されてきたにせよ、熱心に工事が行われたのはせいぜい3から4か月間だったと結論せざるを得ない。この推測は、近代の運河の主任技術者だったB・ゲルスターによる調査の成果である。彼は自身が選定した場所で古代の開削工事の遺構を発見し、ローマ時代の経路をそのまま採用した。2つの経路がこれほどまでに一致していることは、カリグラやネロの下で行われた高度や方位に関する技術的な調査が19世紀のエンジニアのそれと同じ結論に達していたことを示している。

鶴嘴による最初の作業が近衛部隊の兵士たちによってなされたことを思い出して欲しい。彼らの存在は、この土木事業の作業に亀裂をもたらしたかもしれない。実際、近衛部隊は皇帝の警護のために組織されていた典型的なエリート部隊であり、これらの傑出した兵士たちは、剣と槍を再び手に取るために、すぐさま鶴嘴を放り出したであろう。実際、ギリシア語を用いた歴史家フラウィウス・ヨセフスの伝えるところでは、同じ時期、ユダヤ属州で起こっていたユダヤ=ローマ戦争中、若い捕虜たちのうち「彼〔ウェスパシアヌス〕は、(中略)屈強な者6000を選び出すと、(コリントス)地峡のネロのもとへ送った」という[63]。サモサタのルキアノスは、開削工事に従事していた土方について別の情報を記している。「牢獄から連れてこられた者たちは、岩だらけのきつい場所に投入され、軍隊は土の平坦な場所に投入された」[64]。

B・ゲルスターの記すところでは[65]、「完全な直線ルートで構想されたネロの事業は2つの工区からなっており、深さは3から30メートル、幅は、両端部では40から50メートルに及んでいた。西工区は長さ2000メートル、東工区は1500メートルである。これらの2工区を隔てる中間部では、山の背の上に運河の方向に沿って並行に2列に並ぶ立て坑が見つかった」という。作業場所の幅について言えば、40から50メートルであった。一部の工区の土方たちは、平坦な砂地や山地で作業していたにせよ、中には凝灰岩や片岩、礫岩を切り抜かねばならない作業員もいた。籠や荷車で運び出された残土は、高さ20メートルに及ぶ長い堆積山地を形作った。巨大な岩塊にぶつかると、ローマの技術者たちはすすんで自然の陥没を利用した。例えば、長さ100メートル深さ30メートルほどのある工区では、平原を切り裂く小さな谷間を利用している。B・ゲルスターによれば、「さらに、上下4段に渡る掘削面も識別できる。その現場の特徴からは、取り除く必要のある巨大な立方体がしっかりと考慮されていたと判断できる。掘削面を増やすために据え付けられた機械の力を借りて、作業をより早くさせるためのものであった」[66]。

2つの工区の間では、近代の工事開始以前には、2列に並ぶ古代の立て坑も見つかっていた。方形の27個の立て坑を依然として目にすることができた。一辺の大きさは2から3.5メートルであった。岩に穿たれたその穴の深さは37から42メートルであり、その掘削は恐らく完了していなかったと思われる。総計では、工区や立て坑の掘削で除去された土砂の総量は、50万立方メートルを越える。

巨大な作業現場

19世紀にこの運河を開削するために行われた研究や作業がはっきりと示しているように、コリントス地峡(幅6キロメートル)を貫通するために横切る山塊は、均質なものではなかった。白っぽい軟質の石灰質の岩だったのは中央部のおよそ2キロメートルの区間だけだった。両端部では、土壌下の地層は沖積土や砂からなっていた。

ネロの事業の最初の工区は〔トンネルではなく〕露天の運河となっており、それが質の悪い土砂の土地では技術的に唯一可能な方法だった。数多くのチームが同時に作業を行えるように、各工区で巨大な階段面を造成し、掘削は多くの地点で着手される必要があった。質の良い白い石灰質の岩からなっていた中央部分では、膨大な量の岩を運び出す必要を避けるために工法を変更するのが適切だったものと思われる。一見しただけで、作業中に直面したであろう危機的な状況がうかがわれる。壁面は非常に高く(70メートル)険しかった(今日のコリントス運河がそうであるように)。運び出されるべき土砂の総量は、ローマ時代によく知られていた技術でもあるトンネルの掘削に変更することによって、10分の1近くに減らすことができただろう。

幅12メートル、高さも同程度のトンネルは、間違いなく実現可能であり、ローマ時代に一般的だった大きさの船

(31ページに続く)

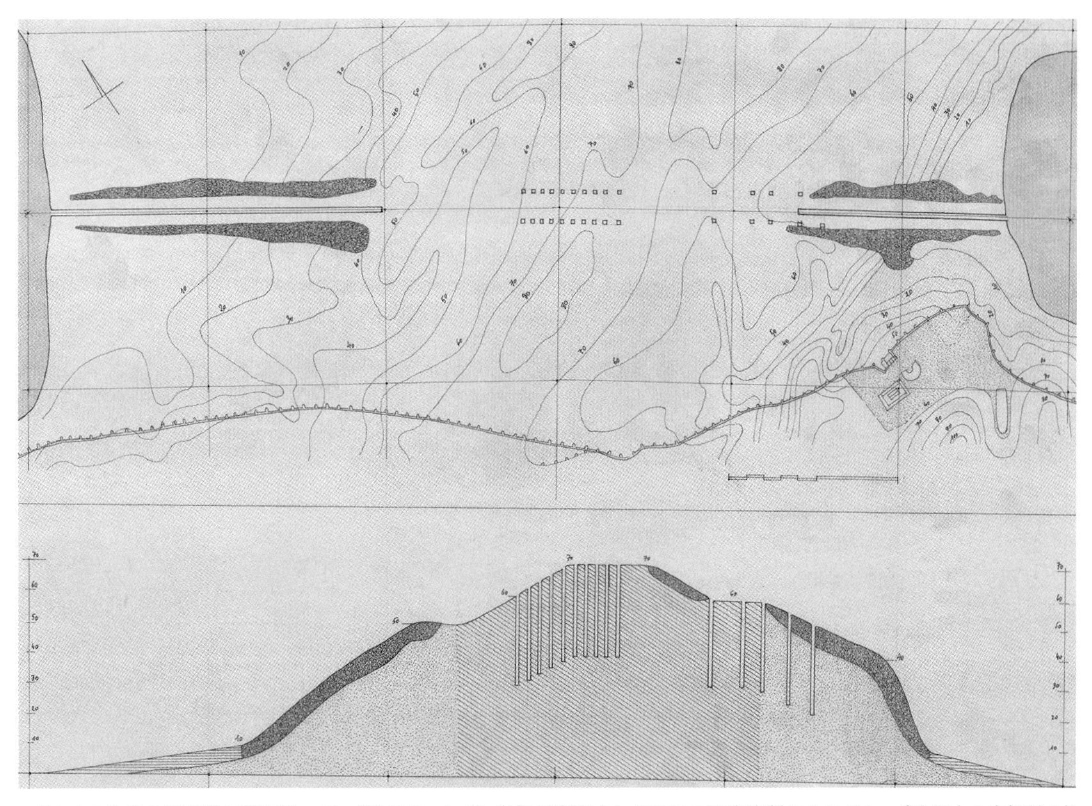

コリントス地峡の平面図と断面図。B・ゲルスターと19世紀に実現された運河の調査資料にもとづく。〔地図上の座標軸の〕四角形の一辺は1キロメートルである。運河の開削は両端から開始された。B・ゲルスターによって確認された残土の堆積の場所は、平面図でも断面図でも示されている。地峡の中心部(斜線部分)だけが十分に良質な岩で、トンネルの掘削が可能だった。脆い両端部(点で示された部分)については、露天の運河しか実現できなかった。平面図からは、地峡の聖域の場所とペロポネソス半島の入り口を守る城壁も読み取れる。

[上] コリントス運河の開削は、数多くの土方のチームが作業できるよう似通った大きな平坦部を作り出すことから始められた。この最初の段階では、残土は両側へ排出するしかなかった。

[次ページ] コリントス運河の開削は続いた。工事の進展とともに、現場は両側を挟まれるようになり、残土は運河の両端部からしか運び出すことができなくなった。作業が決して中断されないように、次々と残土を運び出すことのできる2つの側道を維持しておく必要があった。

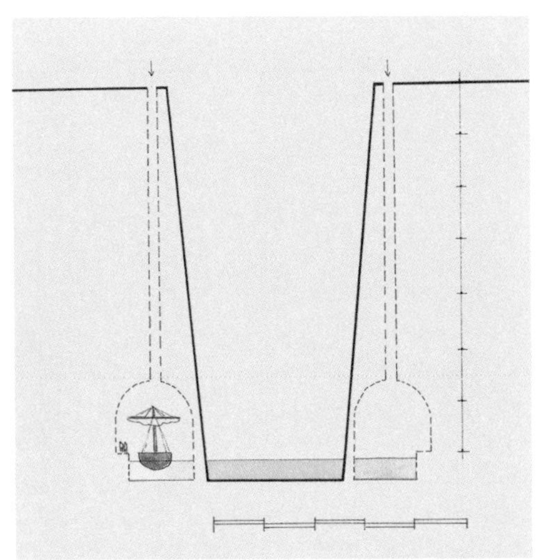

［前ページ見開き］サロニカ湾側から見たコリントス運河の工事現場全体の様子。土は、運河とポセイドンの聖域（イストゥミア祭の開催場所）の間にある平地に排出された。聖域には、神殿と競技場、公共浴場が付属している。

［左］地峡中心部に露天の運河を開削する代わりに、2つのトンネルを通すことによって大幅な経費節減が可能となることを示す断面図。

［下］トンネルの掘削方法。掘削面は階段状に前進する。荷車で運び出された石塊は、19世紀になされたように、場合によっては露天部分の運河の崩れやすい面を固めるために役立てることができる。

が通行するのに十分だっただろう。内部には曳舟道を、そこからの換気と照明の必要性もあわせて、想定しておくべきだろう。

私見では、これこそ、ゲルスターによって記録された、規則的に一定の間隔をあけて掘られた古代の立て坑掘削の真の理由である。その間隔(45メートル)も、私たちの見方では、指標としての価値がある。実際、この間隔は、それぞれ反対の方向に機能する2つの並行するトンネルの軸線の間隔と見事に対応しているのである。60メートルごとに続くこの立て坑は、中央部の600メートルの長さの区間にだけ集中している。このように立て坑が集中しているという事実は、ゲルスターが提案しているように、これらが単なる調査目的だったわけではないことをはっきりと示している。というのも、この仮説では、地峡の幅全体にわたって各所に立て坑を掘る必要があったであろうからである。トンネルを照らし換気することが不可欠だったであろう部分にだけ立て坑が見出されるというのは偶然ではない。その上、ローマ時代のトンネルにこのような立て坑がしばしば見られることも事実である(フキヌス湖やネミ湖の排水路、ナポリ湾のアヴェルヌス湖の大トンネル)。これらの主張や指標の全てが我々の仮説を支持しているが、ネロの工事は中央部分の実際の掘削に入る前に放棄されてしまい、トンネルが着工されることはなかった。

解決すべき課題があまりに多かったために、古代にもその後の何世紀もの間も、コリントス地峡を新たに開削しようとする試みはなされなかった。19世紀には、ローマ時代よりもずっと大きな船の通航を可能にしようとしたため、大金をかけて露天の運河を貫通させた。しかし、それが可能となったのは、爆薬や掘削機、鉄製の軌道といった古代よりもずっと強力な手段のおかげだったことは明らかである。

今日では、コリントス地峡を貫くために開始された古代の事業の遺構はすべて失われてしまった。1894年初頭に供用が開始された運河を整備するために、破壊されてしまったからである。歴史の別の可能性を問うわけではなく、この巨大事業の実現可能性を考えてみるのは正当なことだろう。古代の技術水準を考慮した場合、ローマ軍の土木技術はこの事業を完成へと導くことができただろうか。もちろんこの問いに正確な答えを出すことは不可能だ。しかし、もしローマの技術者がこれほどの規模の現場に着手したのならば、それを完成させられるという確信があってのことだった。いずれにせよ、スエトニウスにとっては、ネロのこの行動は(せっせと彼のことを批判しているというのに!)「偉大で賞讃に値する事績」だったのである[67]。

イタリアとガリアにおけるネロのその他3つのプロジェクト

ネロは、名高い前任者たちの栄光をかすませるために、大規模な土木事業によって自然を征服しようという意図のもと、運河の開削プロジェクトを構想した。それらについては、スエトニウスやタキトゥスから知られている。

前者の示すところによれば、イタリアで彼は「アウェルヌス湖[68]からオスティアまで、運河を掘り、海を通らなくても船で通行できるように計画した。運河の全長は160マイル[つまり237キロメートル近く!]で、幅は五段櫂船が互いに行き違えるくらい広かった」[69]。この大規模な事業を完成させるために、ミセヌムから同じアウェルヌス湖まで伸びる別の運河の建設も付け加えた。帝国中の囚人をイタリアに集め、限りなく多くの労働力を動員するために、裁判に際し、最もおぞましい犯罪についてさえも強制労働の刑しか科さないよう要求した。この常軌を逸した行動で国庫は空になり、結果、軍隊への給与や退役兵の年金の支払いも遅延してしまった…。これは最も不都合な事態の1つである。というのも、調査や準備作業が軍の技術者たちによって担われていたことはほぼ確実だったうえに、囚人の監視や統率も兵士たちによって行われていたはずだからである。

タキトゥスの書くところでは[70]、後55年頃、ゲルマニアは平和だった。同地に駐屯する軍隊は、パウリヌス・ポンペイウスとルキウス・アンティスティウス・ウェトゥスという将軍たちによって指揮されていた。兵士たちを無為にしておかないように、上ゲルマニア属州総督だった後者は「モーゼル川とソーヌ川との間に運河を作り、両河川をつなぐことを計画した。これが出来上ると海から運ばれた荷物が、ローヌ川からソーヌ川へと遡上し、この運河を通って今度はモーゼル川[71]に入り、ついでライン川を下って最後に北海に辿りつく。これで陸上運搬の困難は解消し、ローマ世界の西部と北部の両海岸を船が往来することになる」。疑いなく、商業もこの交通路の簡略化と独自の移動方法から利益を得たことだろう。しかし、何ということだろう。ベルギカ属州総督だったアエリウス・グラキリスが、こんなアイディアが別人の発想で生まれたことに憤って嫉妬し、ルキウス・ウェトゥ

ネロは、ナポリ湾の南西端に作られたミセヌム港近くで、大規模な事業を着手させた。ミセヌムには、イタリアを海からの攻撃から守るためにアウグストゥスが艦隊の1つを配備していた。79年、大プリニウスはこの地で艦隊司令官を務めていた。ここに示した復元図では、ミセヌム岬と港を守るための2つの突堤がとりわけ目に付く。

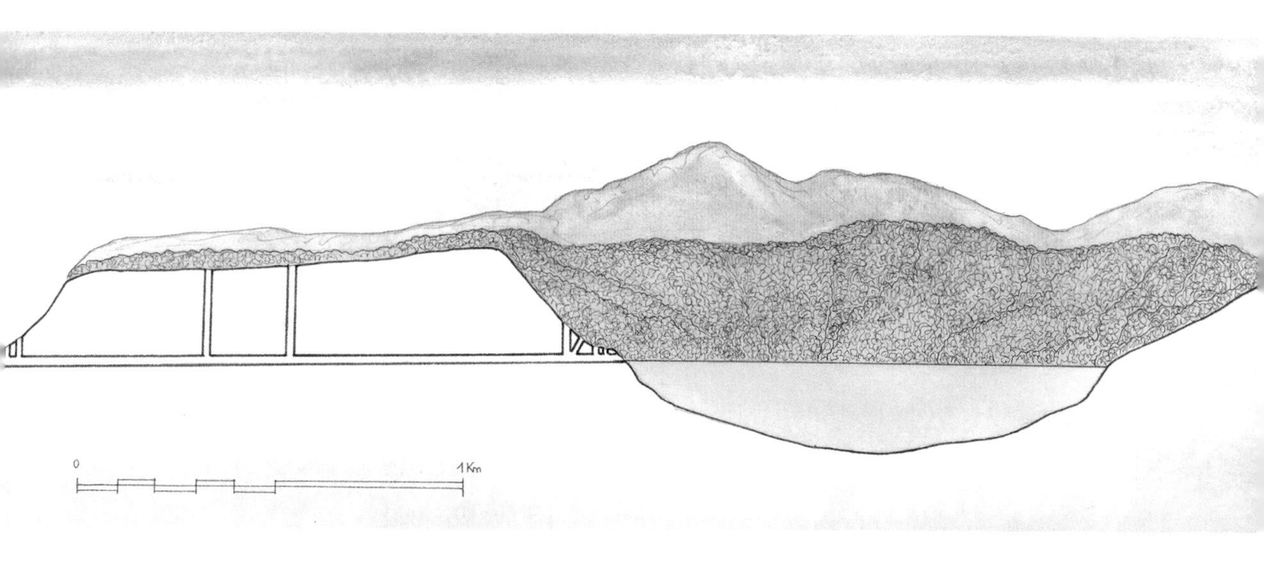

スが管轄外の属州に軍団兵を展開させねばならないことを口実として、この作業を頓挫させてしまったのである！ その呆れるほどの狭量さに押されて、彼はこの将軍を「ガリアの住民の好意を得ようとしている」と批判し、「この計画は、きっと最高司令官をたまげさせるだろう、とおどした」のである。哲学者でもあったタキトゥスは、「尊敬すべき試みを挫折させてしまう」この手の態度に嘆息を禁じえなかった。

帝国領内で実現した、あるいは計画段階に留まった運河の数には驚かされる。文献史料や考古学的な調査からは、20件以上が知られているのだ。ローマの技術者たちが、この分野における技術的に確かな知識と長期にわたるノウハウを持っていたことは事実である。前312年に監察官アッピウス・クラウディウス・カエクスによって建設されたアッピア街道が、恐らく最初から、ポンティーノ湿地を横切る排水用運河によって、フォルム・アッピイとフェロニア[72]の間の16マイル、つまり24キロメートル近くに渡って[73]、二重化されていたことを思い起こしてみよう。ストラボンは、澱んだ水を調節するためのこの人工的な水路が主に夜間利用されたことを伝えている。「ローマ市へ向って歩いて行くと、タラキナ市の近くでこの街道に並行して運河が走り、いくつもの沼や川から来る水を湛えて数多くの場所へ向っている。旅人はとりわけ夜間を舟で行くから、夕暮れ時から乗りこみ翌朝早く下りて残りを街道沿いに歩く。日中も船は通う。船はラバに引かせる」[74]。前37年、ローマからブルンディシウムへの有名な旅の始め、同行者たるマエケナスとウェルギリウスと出会う前に、ホラティウスが船で夜を明かしたのはこの運河でのことである[75]。

沼沢地でこの水路を掘るために、ローマの建設事業者たちは「全くもって当時としては目を見張る常ならぬほどの工学的な作業」に従事した、とM・ユムは強調している。そして彼らが「ラティウム地方の農民たちによって長きにわたって究められてきた地下水路（クニクリ）[76]の技術や、排水路に関するエトルリアの知見に」触発されたのだ[77]、と付け加えている。

ネミ湖とその排水路の断面図。この湖は、ローマの南東20キロメートルほど、アルバ山中にあって標高は520メートルであり、古い火山の噴火口に位置している。重要なディアナの聖域を守るために、湖水を制御することが重要だった。前5世紀には、アリキア（今日のアリッチャ）の住民が、1.653キロメートルの長さの人工的な水路——ネミ湖の排水路——を掘っている。

水道建設における軍隊の役割

111年、トラヤヌス帝はポントス・ビテュニア属州の総督として、小プリニウスの名で知られる、ルキウスの息子たるガイウス・プリニウス・カエキリウス・セクンドゥスを任命した。皇帝が彼に委嘱した任務は、小アジアのこの地域の秩序を再建することだった。無能で腐敗した前任の総督たちが住民によって告発されていたからである。プリニウスは任務に誠心誠意取り組み、賢明な統治と厳しい管理とを施した。そういうわけで、到着から数か月後には、ビテュニアの首都で彼の滞在していたニコメディア（現イズミット、トルコ）に水道を供与するために、彼はトラヤヌス帝に手紙を送っている。

「主よ、ニコメディアの市民は、水道建設のため、既に331万8千セステルティウスを費やしました。それが未完成のまま放棄され、壊されさえしています。さらにもう1つの水道のため、20万セステルティウスが支払われました。これもまた放棄されたので、かかる莫大な金を無駄遣いしたこの市民は、水道をもつため、さらに新しい出費を必要としています。

私は、自ら最も清純な源泉まで行ってきました。私の思うには、そこから水を引いて、ニコメディアの市の平坦地や低地ばかりでなく、高い所にも水を流すためには、最初に試みられた如く、アーチ型の水道橋にしなくてはいけません。ごく僅かですが、アーチ型の水道橋が、まだそのまま残っています。そして、ある部分は、以前の構築物から抜き取った四角形の切石で建てることもできます。その他の部分は、私の考えでは、煉瓦作りで構築した方がよいでしょう、煉瓦が工事し易く廉価ですから。そこで第一に必要なことは、過去に起こったことが二度と起きないためにも、水道工事の専門家か建築技師を、あなたの所から送っていただくことです。私に断言できる確かなことは、この水道建設の有益と美観は、あなたの世紀に極めて相応しいということです」[78]。

しばらくして、皇帝はこの属州総督に回答している。「ニコメディアの市のため、必ず水道が引かれるよう配慮すべきである。勿論私は、そなたがこのことの遂行のために当然要求される真摯な態度で、この工事に着手するものと信じている」[79]。皇帝はさらに、この浪費の、あるいは基金の横領の、責任者を摘発するよう促している。

属州総督が、取水されるに相応しい水源地か否かを確認するために、自ら足を運んでいるのを見ると、驚くかもしれない。それは、小プリニウスが7年前にローマで「ティベリス川の川床と土手および首都の下水道の管理官（クラトル・アルウェイ・ティベリス・エト・リパルム・エト・クロアカルム・ウルビス）」を務めていたことを忘れているからなのだ。水利工学に関するプリニウスの知識は疑いえないものであり、トラヤヌスは自身の代理人の「情熱」も含め、それを知っていたのである。いずれにせよ、この書簡のやり取りは、この手の事業を実現する際の極端な困難を浮き彫りにするものなのである。

水道：複雑で条件の多い事業

広く使われている「水道（アクアエ・ドゥクトゥス）」という言葉は、水を一か所あるいは複数の水源地から居住地に設置された貯水池まで運ぶ水路（スペクス）のことである。取水した後、恐らく地下を通った導水路は、経路上の地形に合わせて地上に出たり、橋の上を通ったりした。石組みで建設されたり岩に穿たれたりした水路の中を、水はしばしばただ重力に従って流れていった。水準測量技師は、緩やかな傾斜を経路に沿って規則的に設定することができた。しかしながら、障害物を常に避けることはできず、時にはトンネルを掘る必要もあった。建設時に資材を取り出すために穿たれた立て坑は、確実に

アーチを建造中のガール水道橋(ニームの水道)の想像図。

管理を行い、地下構造物や照明・換気を維持管理するのに役立った。別の問題もあった。渓谷や谷間、水流、くぼ地を越える場合である。段差の大きさに応じて、技術者たちは、フレジュスの水道上のボスケにおけるように、導水部を支える単なる壁を考案したり、あるいはガール水道橋やセゴヴィア（スペイン）の水道橋、アルジェリアのシェルシェルの水道におけるシャベ=イルルイヌの水道橋のように、何段にもわたるアーチ部を備えた水道橋を考案したりした。また、段差があまりに大きすぎる場合には、このような構造物は実現できなかったので、技術者たちはサイフォンの原理に頼った。その装置は、建屋の中に設置された貯水槽（送水用貯水池）から水を出し、石で固定された複数の鉛管を通って谷の底まで水を落としていた。それから、連通管の原理によって、反対側の斜面に設置された別の貯水槽（受水用貯水池）に、出発点よりも少々低い程度の高さまで、圧力で押し上げたのである。リヨンの水道の8つのサイフォンや、トルコのアスペンドスの3つのサイフォンは、例外的な証拠である。

別の技術的困難もあった。水の流れる導水路の防水性である。モルタルや砂礫(されき)による路床の上に、U字型の水路が整備され、その内部は赤みを帯びたモルタルで仕上げられた。一般的には半円筒型のヴォールト天井が施設上部を覆っており、気候によっては、凍結を防止したり水の冷たさを維持したりするために地下化する方が適切であった。

しかし、たとえこれらの技術的偉業が達成されていたとしても、水道は、風の働きや大地の動き、地震といった自然の作用に技術的に対応するなど、多くの必要を満たさねばならない繊細な事業だった。この分野では、とりわけ革新的だったA・ビラールの著作が[80]、これらの様々な妨害への水道橋の対処や、建設者たちによる回答を、支柱の弾性だけでなくヴォールト天井の柔軟性や水路の防護に関しても、分析している。

もし、これらの事業を評するに、J=C・ゴルヴァンが「知性」という言葉を使うのをためらっていないのだとすれば、その特色は、それがいかに印象的なものであれ、技術的な壮挙に限られるものではない。帝国においては、水道は議論の余地なく、ローマという文明の本質と存在を示す象徴的な役割をも担っていたのである。プリニウスがトラヤヌス帝に宛てた言葉を思い出してみよう。「この事業の有益性とその美しさがあなたの治世に相応しいものであると断言いたします」。街道や円形闘技場、劇場、公共浴場や凱旋門と同様に、水道は、あらゆる属州で、帝国内で最も辺鄙(へんぴ)な地方においてさえも建設されており、象徴的で統一的なモニュメントとして存在していたのである。水道は、「その橋や一連のアーチ構造によって、権力が人々に抱いていた関心を示している」[81]。

従って、帝国が拡大するにつれ、その人目を引く事業や入念なその仕上げのおかげで——リヨンの町を潤したジエ水道のレンガ造り(オプス・レティクラトゥム)の外装を思い起こそう——、ローマ文化は水という恩恵をふんだんにもたらし、寛大にもその文明的営為を広めたのである。

フード付きのマント(ククッルス)を着た二人の人物が、雨の中、ジエ水道の近くを歩いている。この水道は、リヨン(ルグドゥヌム)の町に水を供給した4つの水道のうちの1つである。

軍の労働力と専門家

ある逸話から始めよう。前19年、アウグストゥスの婿だったアグリッパは、都市ローマへの水の供給を増やすために、ウィルゴという水源地から水を引き、新しい――6つ目の――水道、ウィルゴ水道(アクア・ウィルゴ)を建設させた。フロンティヌスによれば、「この水道がウィルゴ(=乙女)と呼ばれているのは、兵士たちが水源を探していたとき、ある乙女がいくつかの泉を指し示し、付いて行って掘削してみると、大量の水を発見できたからである」[82]。一見して分かる通り、まさしくこの場合には、良質の水を引くことのできる水源地を探索したのは兵士たちだった。彼らの役割がこのような単なる捜索に留まらなかったことは明らかである。水道建設に不可欠な仕事の1つは水準測量であり、その目的は経路に沿って、障害物や地形の起伏があろうとも、一定の傾きを維持することだったと分かっている。

水準測量技師は、この細心の注意を要する作業を行うのに不可欠な2つの道具を用いた。まずはグロマであり、現代の測量士の直角定規に相当する。いくつかの形状が知られていて、ポンペイでも見つかっている。この道具によって、直線を引き、直交する照準を設定することが可能となった。2つ目の道具はコロバテスであり、ウィトルウィウスが記している[83]。彼によれば、コロバテスはあらゆる測量作業のためにとりわけ信頼性の高いものだった。

軍の建築家や技術者は、高度な技術を要する精密な仕事に対応できたので、グロマやコロバテスを利用していたのは明らかであり、その扱いを完全に身につけていた。彼らは、複雑な水道施設の整備について熟考する能力があり、さらに言えば、現地での十分な調査がなされる長期的な段階の後に、着工にあたり当局に提出するための設計書を練り上げる者もいたのである。それと同時に、訓練を積み、規律を身につけ、土方作業にも慣れた兵士たちは労働力の巨大な集積であり、本来任務ではなかったにもかかわらず、必要に応じて諸都市は派遣を要請した。兵士たちによって担われた正確な役割を示す史料は存在しない。彼らは、特に問題が生じた際に補助的な役割を果たしただけなのだろうか。あるいは、日常的に、水準測量や境界画定のような定評ある専門家の存在が必要とされるようなある種の作業に際しては特に、要請を受けるような存在だったのだろうか。

単なる労働力として利用された兵士たちについて言えば、彼らの人数や、皇帝や属州総督による不規則な動員が、諸都市での大規模事業の実現を可能としたのである。この面で最も知られた事例は、3世紀末のオータン(アウグストドゥヌム)のものである。268年のガリエヌス帝の暗殺に続く軍事的無政府状態の混乱をうけて、この富裕なアエドゥイ族の都市〔=オータン〕は略奪され損害を被った。数年後、この町は、とりわけガロ=ローマ貴族の子弟たちを最近まで教育していたマエニウスの学校は、皇帝の配慮を受けた。しかし、この学校の責任者だった弁論家のエウメニウスは、その修復が遅れすぎだと考えており、その事業を促すために、広場でルグドゥネンシス属州総督を前に弁舌を振るっている。彼が言うには、「今まさに陛下らが遂行しているこれらの戦いでは[当面のところ]その不屈の体力を必要としてはいない最も忠実な軍団の冬営場所をも、[与えてくださいました]。[その軍団の兵士たちは]、私たちの利得のために、客人が感謝をする時のような熱意で従事し、滞った水と新しい水流をいわば疲れきった町の乾いた内臓に注ぎ込んでいます」[1]。

言い換えれば、兵士たちは恐らく住民たちの家に逗留していたので、アウグストドゥヌム市の造営委員たちに謝意を表するために、軍の技術者や労働力が、冬の間、水道や導管、下水道といったこの町の水利施設全体を元の状態に修復するために動員されたのである。

マウレタニアのカエサレア(現シェルシェル、アルジェリア)の水道が崖になった谷間を渡る様子。

ガロ＝ローマの２つの水道における軍の「サイン」

恐らくクラウディウス帝の治世に建設されたフレジュスの水道は、42.50キロメートルの長さに及ぶ。その経路の終点付近では、3連のアーチが小さな谷にかかっている。その中央部のアーチの要石上部、ブテイエールの橋と呼ばれるその施設は、ローマ軍兵士の胸部を表した浅浮彫りで装飾されている。

P＝A・フェヴリエは次のように記している[84]。「その人物は、緩衝材を表す円形の首周りの線を伴った、しなやかそうな[おそらく革製の]鎧を身につけている。その鎧は、有翼のメドゥーサの顔で飾られている。この主題の選択は、メドゥーサの切られた頭部による厄除けが目的だったことは間違いない。さらに、この頭部を両側から挟むように頑丈な肩当ても付いている。腕は、十分な長さのある肩パッドで覆われている。この人物から見て左には、部分的に棒を覆う『ウンボ』という装飾突起を伴った円形の楯が付属している。左にはすり減った塊状の部分があり、一部の浅浮彫りに見られるように脚当てだと思われる。この場所での作業を指揮した

フレジュスのローマ「軍団兵」の胸像。
（C. Gébara, J.-M. Michel et J.-L. Guendon, *L'Aqueduc romain de Fréjus*, p.238, fig. 176より）

絶頂期のフォルム・ユリイ（現フレジュス）の全体図：市街地や広場、港湾施設と、図の右上に水道の終点部がある。

百人隊長を表現したものである可能性がある」。

この砂岩材に刻まれた浅浮彫りの存在とその役割については、多くの議論を呼んできた。最初に観察すべき点は明らかである。アーチの一番上というその位置は、単にそこに置くのが大変困難である。さらに、フレジュスの町から遠い、近付くのが困難な谷間という設置場所にも驚かされる。しかし、この胸部像について語るにあたり、A・グルニエは、ためらうことなく、これを「集団としての建設者たち」の印と見なしている。「というのも、この重要な仕事を実行した兵士たちの特徴をそれが表しているから」である[85]。この胸像の驚くべき設置場所に基づいて、このような断定は、最近もM・ジャノンによって再び疑問視されている。彼はこれを、むしろ、古代の修復の際にこの施設に挿入された、未完成彫刻の再利用とみなしたのである[86]。2002年に出版されたフレジュスの水道に関する研究の著者たちは[87]、この彫刻の場所が目立たないということは、水道全体については軍隊の果たした役割は副次的なものであり、恐らくこの水道橋の建設にだけ参加したことを示しているのではないかと提案している。この浮彫りで控えめに自分たちを讃えた兵士たちは、フレジュスの軍港から派遣されていたのかもしれない。同地では、少なくともマルクス・アウレリウス帝の治世(161〜180年)まで小規模な艦隊の存在が確認されている。この水道に関連する土木事業のために派遣された実直な水兵の分遣隊は、決して例外的なものではなかっただろう。同様の事態は、アルジェリアのサルダエの水道のために一団の招集兵が派遣された例でも知られている。これについては、すぐ後で見ていきたい。フレジュスの事例について言えば、その場所が孤立しているのと同様、1つだけ装飾をほどこされたこの石が欠けているというその特徴からして、未完の彫刻の施された石の単なる再利用であったことは明らかである。この石は別の建造物から来たもので、定期的な修復に役立ったのかもしれない。

ガール水道橋では、2段目のアーチの1つの要石に簡略に刻まれた浮彫りがあり、それもまた研究者の関心を呼んできた。この像の高さは70センチメートルほどだが、実際には地上からは見ることはできない。この粗彫りは、2つの物体を持った人物を示している。左手には細長い道具、右手には頭から膝まで伸びる縦長の物体である。この刻まれた輪郭線が不正確なので、様々な解釈が提案されてきた。軍の水準測量技師あるいは建築家で図面を持っているのだとか[88]、大きすぎる鉄製部分と小さすぎる柄の鶴嘴を振り廻す石工であるとか[89]、あるいは楯(スクトゥム)の後ろで守られた軍団兵であるとか、左利きの剣闘士の素描だとかいった調子である[90]。客観的に言って、この粗彫り――おそらく再利用でこの場所に置かれたものだ――の調査からは、上述の仮説以上のことは言えないのである。ガール水道橋の軍の建築家の表現かもしれないという主張には何の根拠もないのである。

軍隊の確実な介入

これら2つの表現が、議論はあれ、水道建設時の軍の存在を肯定するものであるとすれば、逆に、カエサレア(イスラエル)やランバエシス(アルジェリア)の水道建設は、説得力のある、あるいは議論の余地のない〔軍による関与の〕証拠を提供してくれている。

ユダヤのカエサレア(カエサレア・マリッティマ)の水道はヘロデ時代に建設されたものであり[91]、ローマ帝国東部の最重要都市の1つに水を供給した。水は町から9キロメートルほどのカルメル山のふもとで取水され、導水路は自然の起伏に沿って15キロメートルほど

であった。いくつものアーチ橋で障害物を、とりわけ町に入る部分で、乗り越えた。後になると、都市の発展と共に、2番目の水道が追加された。この水道には10個ほどの碑文がある。すべてハドリアヌス帝の治世(117〜138年)のもので、見えて、とりわけ簡単に読めるように、目立つ場所(橋脚やアーチの上部)に設置されている。それによれば、「インペラトル・カエサル・トラヤヌス・ハドリアヌス・アウグストゥスが、第10フレテンシス軍団分遣隊を介して建設させた」のであり、水道の建設事業に参加した兵士たちの部隊を綿密に述べている。この土木事業が「パレスティナのローマ軍団とその分遣隊に関する真に豊かな情報源」となっていると書かれているほどなのである[92]。これらの事業は、まさにこの仕事のために一定期間特別に派遣された軍団兵たち(ウェクシッラティオネス)によってなされたものであり、おそらくここでは、水の供給を継続して保つことを目的として、定期的な修復と部分的な再建とからなっていた。第10フレテンシス軍団(文字通りには「海峡の軍団」の意)の他にこの事業に参加した部隊は、第2トラヤナ・フォルティス(「トラヤヌスの強力な軍団」の意)と第6フェッラタ軍団(つまりその武装について「鉄をまとった」という意味)である。ユダヤの大反乱(66〜73年)の後、第10フレテンシス軍団はイェルサレムに駐屯し、3世紀末までその地にとどまった。第6フェッラタ軍団は120年代の終わり頃にパレスティナに到着した一方、第2トラヤナ・フォルティス軍団は属州エジプトのアレクサンドリア近くに配備されていた。132年から135年の再度のユダヤ反乱を鎮圧するために、第22デイオタリアナ軍団と共に、その部隊の一部がユダヤに派遣されたのである。ハドリアヌス治世の間に、この土木事業を確実に行うために、これら3箇軍団から分遣隊(ウェクシッラティオネス)が派遣されたのである。

[上]カエサレア・マリッティマの水道(ユダヤのカエサレア、イスラエル)。(G・クーロン撮影)

[次ページ見開き]カエサレア・マリッティマ(ユダヤのカエサレア、イスラエル)。港にしてユダヤ王国の都だったこの大都市の創設には、水道の建設が、さらにその二重化が必要とされた。その水道施設は復元図左側に、海岸線に沿って見出すことができる。

本書の中で、ヌミディアの州都だったランバエシス（軍団基地と都市）への水の供給のあり方を理解するというのは、もちろん不可能である。ここでは単に、水道施設の整備に軍隊が関わっていたことを強調しておきたい。2世紀に完成された2つの施設が、セウェルス・アレクサンデル帝の治世（222〜235年）にアレクサンドリアナ水道（アクアエ・アレクサンドリアナエ）という別の水道の整備により補完された。この水道は、広大な軍団基地と〔それに隣接する〕一般市民の町の双方に同時に水を供給したものと思われるが、第3アウグスタ軍団によって整備された。その軍団司令官ルキウス・アプロニウスは、作業開始にあたり誓いを立てている。つまり、この事業を任期中に達成したならば、ユピテルの栄誉を称えて碑文を刻ませるというのである。この事業が完成した時、彼は誓いを果たした。この建築物の測量は、この部隊の測量技師で、「ディスケンス・リブラトルム」、つまり「水準測量技師見習い」と形容された[93]クロディウス・セプティミウスによって行われた。この呼び名は興味深い。実際、M・ジャノンの提案によれば、「この『見習い』は、既に組織された兵士で、『彼らの授業』を受け、軍団の異なる技術部門で研修中だったと考えることはできないだろうか」。クロディウス・セプティミウスの研修は、測量や水準測量の技術的知識を深めることを可能にしただろう。このような特に複雑な事業を実現させるために、この手の知見がどれほど重要だったかが分かる。

この水道に関連する数多くの碑文が、ランバエシスのニュンファエウム（セプティゾニウム）〔＝モニュメンタルな泉〕に据えられていたことを付け加えておくべきだろう。しかしながら、そのうちのいくつかは、ずっと離れた田園地帯、人里離れた場所や近付きにくい場所で実現された作業に言及している。しかし、ニュンファエウムという目立つ場所で、人通りの多い道に面して、第3アウグスタ軍団の大いなる栄光のために兵士たちによってなされた土木事業が大変高く評価されていたのである。この部隊は、他の偉業の中でも、とりわけ急流の増水で破壊された水道を修復し、8か月で25000パッスス、つまりおよそ39キロメートルもの水道を建設したのではなかっただろうか[94]？

軍の技術者ノニウス・ダトゥスとアルジェリアのサルダエの水道

ベジャイア（アルジェリアのかつてのブジー）[95]のサルダエの水道を実現するためにエル・ハベルのトンネルを貫通させたことを記した碑文はとても有名だ。そのうえ、1991年以降、この碑文を刻んだ石は国有財産とされている。84行にも及ぶその文面は、饒舌かつ正確で、第3アウグスタ軍団に属する軍人で技術者、専門家のノニウス・ダトゥスの協力について詳しく述べている。そのおかげで、この類の建設事業のいくつもの段階について知ることができる[96]。

この石は、1866年にランバエシスで古代の城壁に再利用されていたのを発見され、30年後にはブジーの町に譲渡された。今日では、ベジャイアの市庁舎前の噴水の台上に飾られている。高さ1.75メートルの六角柱で、各面の幅は45センチメートル、縦に2つに割れてしまっており、半分だけが伝わっている。他の3つの面にも碑文が刻まれていたものと思われ、テクストの半分、つまり最初と最後の部分が失われたことは確実である。

すでにそんな状態だったにもかかわらず、このラテン語碑文は驚くべきものだった。この碑文は、ノニウス・ダトゥス自身によって2世紀後半に作成されたものであり、率直さと大仰（おおぎょう）さとが刻み込まれた自画自

[上]ノニウス・ダトゥスの碑文。(J=P・ラポルト撮影)

賛〔の碑文制作〕を彼が実行に移したことを示している。そのうえ、この水準測量技師は、自身の行動を明らかにし大きく見せるために、有力者によって書かれた様々な書簡の内容もそこに付け加えているのだ。

「忍耐・武勇・希望。

ヴァリウス・クレメンスがヴァレリウス・エトルスクスに。『卓越した都市サルダエと、そして私もサルダエ市民と共に、閣下、あなたに、第3アウグスタ軍団の退役兵にして水準測量技師たるノニウス・ダトゥスを、彼の残された仕事を完成させるために、サルダエに派遣してくださいますようお願いいたします。』」

「私は出発したが、その道中、盗賊の被害にあった。所持品を奪われ負傷した後、同行者とともに逃れた。サルダエに着き、総督クレメンスと会った。彼は、掘削工事がうまく進まず人々が涙していた山の中に私を案内した。掘削工事で掘られた部分の長さは山幅より長くなっていたので、もはや放棄すべきであるように思われていた。掘削部分が経路から外れてしまったことは明らかであり、その結果、上の掘削部分は右へ南方向に逸れてしまい、下部も同様にそちらから見て右側、北方向へ逸れていた。両部分は、経路から外れて、迷子になっていたのだ。ところで、その経路は、山の上で東から西へと打たれた杭によって標示されていた。読み取り時に何であれ間違いが生じないように、両掘削部について「上」「下」と書かれている場合、上とはトンネルが水を受け入れる側であり、下とはそこから水が出ていく側であることを確認しておくべきだろう[97]。作業を指示するに際しては、誰が働いていてどんな掘削方法なのか、しっかりと分かるように、艦隊の兵士たちとゲザテスの間で競争の機会を与え、その結果、一緒になって山を貫く工事を終えた。初めに水準測量を行い、水道の作業を割り振り、属州総督ペトロニウス・ケレルにかつて私が提出した設計図に沿って作業を監督したのは、従って私である。工事が完了し、水が通った後、属州総督ヴァリウス・クレメンスが奉献した。」

「このサルダエの水道に関する私の努力がより明確になるように、ポルキウス・ウェトゥスティヌスがクリスピヌスに宛てた手紙をいくつか下に付け加えた。『閣下、文明の恵沢(けいたく)とあなた様のご厚情の下に、予備役兵(エウォカトゥス)のノニウス・ダトゥスを、彼が監督することを企図していた作業に彼とともに取り組めるよう、よくぞ私の下に送ってくださいました。と言いますのも、私は時間に押されカエサレアへと急いでいましたが、サルダエへと回り道し、水道を検査していたのです。この事業はとっくに開始されていたのですが、相当な規模のもので、ノニウス・ダトゥスの配慮なしには完成されうることはありません。彼はその作業に熱心さと誠実さをもって取り組んできました[98]。この仕事に従事している間、彼が私たちのもとにあと数か月留まることをお許しくださいますようお願い申し上げます。彼が病身でなければ、ですが。』」

サルダエの水道建設の復元

水道の実現には、高度な技術的能力が必要とされる。その工事は、地形を考慮して可能な中で最善の経路を確定し最大限コストのかかる作業を避けるために、詳細に地形を調査するところから始まる。水源を見つけ、その水量・距離・高さを計測し、(ザグーアンやサルダエのように)単独の豊富な水源で賄えるか、あるいは(ウティナのように)クモの巣状に複数の水源をつなげるか、全般的な集水計画を策定する必要がある。サルダエの水道に関して言えば、取水場所はもはや分からない。ザグーアン(ジタ)の水の神殿は、水道の出発地点の最もモニュメンタルな姿を示している。

測地者は、全体的な傾斜と理想的な経路を確定するのに必要な計測と確認の作業を行い、ついで、後に直面するであろう技術的な諸問題を明確化した。

[上]サルダエの水道の遺跡(J=P・ラポルト撮影)

[次ページ]ザグーアン(ジタ)の水の神殿は、カルタゴの水道の主要水源地の1つに整備された。この神域とこの水道の出発点に関連する水道設備は例外的によく残っている。

経済的な観点から、水路(スペクス)はその経路上のあらゆる場所で、その高さにそって可能な限り地上を通るよう努力がなされた。しかし、障害物(谷や岩場など)が避けられない場合には、費用の掛かる人工の造作物を作って解決する必要があった。サルダエの水道橋の支柱は、大部分、平均すると1クデ(52センチメートル)ほどの様々な高さの石灰岩で造られている。

その〔下から〕最初の部分は、大きな切石積みの10段ほどの基礎からなっている。その最後の〔一番上の〕段は、それより下の部分より小さくなっているが、〔アーチの〕迫石(せりいし)を設置するための型枠を置くために(アーチの内側に向かって)S字状の刳型(くりかた)の突起部となっている。これらの迫石の〔下端部にあたる〕迫元(せりもと)は、次の段の一部となっている。その上には、支柱の2段目が直上に載っており、アーチの構造とその建設方法を正確に推測することが可能となっている。

この2段目の部分は、1段目の部分よりずっと小さい切石で組まれていたことが分かる。2段目のアーチの始まりを画す突出部の段を示していて、その輪郭を復元できる支柱も残っている。恐らく、これらのアーチが大きな石で造られたということはなかっただろう。水路部分の復元は仮説によるしかないけれども、カルタゴの水道のように、こ

[上]サルダエの水道の立面図とその建設段階の復元図。

の建造物の上部〔＝水路部分〕が小さな石で造られていたというのはありそうなことだ。古代の文献史料に、ローマの水道の建設技術について述べたものはないが、サルダエの水道のエル・ハナイアト地区の建設状況の詳細な観察からは、まず、この作業の論理的な諸段階を復元し、次にこの事業の最も適切と思われる実現方法を提案することも可能である。

観察で見つかった手がかりに照らし合わせると、建設の諸段階は次のようなものだっただろう。

1. 支柱の基礎の形成
2. 連続する少なくとも3つの支柱の足場の建設
3. 支柱の1段目部分の建設
4. 下のアーチの型枠の設置
5. 支柱の2段目部分の建設
6. 下のアーチの迫石の設置
7. 上のアーチの型枠の設置
8. 上のアーチの建設
9. 上のアーチとアーチの間の部分の建設
10. 傾きの調整と水路の建設
11. 最初の足場の取外し

切石は、大きすぎることも重すぎることもない。最大でも長さが1メートルを越えることはなく、重さも700キログラム以下である。従って、比較的簡単な昇降装置で持ち上げることができただろう。水道はしばしば、クレーンのような機械が近づくことの困難な急斜面を通る。しかし、足場が組まれて固定され、恐らくそれが各地に設置されると、複滑車巻き上げ機の簡単な仕組みで切石を持ち上げるには十分である。

アーチを作ることができるように、少なくとも3つの連続した支柱の作業を進める必要があり、従って、最低3つの連続した足場を組んでおく必要がある。柱の間の1区画が終わってしまえば最初の足場は撤去することができ、反対側の現場で再度組み立てられる。それが次々と続く。この足場には筋交いが組まれ、側面にはしごを備えていた。巻き上げ装置は切石や型枠用の木材、迫石を難なく持ち上げることを可能とした。

石切の作業場は、建設中にあらゆる点について連絡し合って基礎の切石を用意できるよう、現場近くにあった。石は一番近い採石場から切り出された。各アーチの曲線は地上で構成し、前もってすべての迫石を削っておく必要があった。これらの迫石は、恐らく持ち上げる前に地上で試験的に組み立てられただろう。それと同じく、足場や型枠の部材は木材加工業者の作業場で用意されていただろう。さらに、これらの部材を組み立てるのに必要な縄と、金属製の道具のメンテナンスや修理のための作業場も、用意しておく必要がある。大規模な水道の建設は、事業の完成が何としても遅れないように、並行して作業を進められるよう段階的に実施された。サルダエの上述の工区の場合、300メートルを超えることはなかったが、カルタゴやシェルシェル、メリダといった他の現場はずっと大規模であり、端から端までアーチごとに建設されたわけではなかったのは明らかである。

［右上］カルタゴの水道の水路（スペクス）。（J＝C・ゴルヴァン撮影）

［次ページ見開き］サルダエの水道の建設現場イメージ。

工区ごとに建設作業を進めたので、コロバテスを使って水道の傾斜を正確に計測することも可能だった。柱間ごとに施工していたら、そうはいかなかっただろう。コロバテスを使うことを考えるなら（視覚を補完する仕組みのない器具だったので）一工区が100メートルを超えることはなかったものと思われる。従って、サルダエの水道について言えば、それぞれおおよそ15の柱間をもつ3つか4つの工区が同時並行で作業されたと想定できよう。

水道が、同じようなアーチの連続からなっていたというわけではまったくない。A・ビラールの研究によれば、これらの建造物は（支柱の形状やアーチの論理的な位置などが）、とりわけ、地震のようなその建造物が被る可能性のある破壊の主たる要因に対応できるように、巧みに考案されていた。大きな揺れが生じた場合には、サルダエで見られたように、アーチが最も小さく最も脆弱な両端部で崩壊することが予期されていた。それゆえ、この建造物は地震の間振動することがあったにせよ、その大部分で大きな被害を受けることなく、その後簡単に修復できたのである。

サルダエの事例のように、その経路が時に、山をトンネルで、石切場でなされる採掘のような作業でもって通過する必要がある場合もあった。その石が十分に良質であれば、掘り出された石をそのまま建設現場で使うこともできる。

山に相当な高さがあれば、一定の間隔を置いて立て坑を掘ることが可能となる。その利点は多い。つまり、トンネルの経路設定を手助けすること、明かり取り、そして換気である。しかしもし山が高すぎて〔立て坑が〕トンネルまで届かない場合には、掘削方向のコントロールは開始時に設定された方向の正確さ次第となる。サルダエの水道はそこから厄介な問題が生じたのだ。この（エル・ハベル地区の）トンネルは、長さ560メートルで、細く、まっすぐではなかった。恐らく、最初に犯した誤りを補正するために、あるいは恐らく岩の固さが様々であったために、建設者は水路を屈曲させることを余儀なくされたものと思われる。

サルダエの水道は、もっとも重要な水源地であるトゥジャ――エル・エインスール、文字通りには「泉」の意、と呼ばれた――から25キロメートルほどの長さがあり、その経路の大部分において山の側面の高さの変化に沿って進んでいた。しかし、その水路は2つの障害物にぶつかった。1つ目は水道橋の整備を、もう1つはトンネルの掘削を必要とするものである。いくつもの支柱からなるその水道橋は長さ300メートルで、特に技術的な問題は生じなかったように思われる。その中心部の支柱の1つには、恐らく碑文は消えてしまったのだが、待歯（まちば）〔後で建物を継ぎ足すために、建築中に建物から出しておいた石などの部材〕の下に、この作業の完成を容易にし、長持ちさせるための厄除けの印だった有翼の2つのペニスで飾られた石がある〔次ページ右下写真〕。さらに遠く、トゥジャの水源地から直線距離で7キロメートルのところで、高さ520メートルの尾根を通すために、推定560メートルの長さを持つトンネルが掘られている。それが予期せぬ事態の生じたエル・ハベルのトンネルで[99]、軍の測量技術者ノニウス・ダトゥスの様々なエピソードの舞台となっている。

J＝P・ラポルトは、その素晴らしい研究の中で、彼の協力について詳細に分析し、その段階を再構成している。それによれば、数年来、水道建設を企図していたサルダエの公職者がその作業全般の難しさを見積もり、賢明にも、この時代には軍人であることが多かった高度な技術者、水準測量技師の協力を得ようと決めたのは、137年頃のことである。彼らは、当然ながら、マウレタニア・カエサリエンシス属州総督、つまりこの属州における皇帝の代理人だったペトロニウス・ケレルのもとに出向いた。彼の反応は好意的なもので、ランバエシスに駐屯する第3アウグスタ軍団の司令官に依頼した。水準測量の専門家を擁する軍団司令官は、公益事業のために、とりわけ土木事業のためにいつもそうしているように、水準測量技師ノニウス・ダトゥスを派遣した。ノニウス・ダトゥスはサルダエへ赴き、様々な支援を得て、グロマやコロバテスを用いて、経路を定めた。その際、2つの難しい場所については、アーチ橋の建設とトンネルの掘削を奨めた。この技師によって完成された設計図（フォルマ）を含む資料、経路図、測量結果と、期間内にこの大プロジェクトを遂行するための技術指南書は、属州総督に託された。その仕事を終えると、ノニウス・ダトゥスはランバエシスの宿営地に戻る。彼は今やサルダエの技術的な仕事と、その作業を実施するために選ばれた事業体にも属している。この訪問時には、J＝P・ラポルトも指摘しているように、軍の労働力は全く問題となっていなかったことに注意しておこう。

数年が過ぎ、水道の整備は進む。147年から149年頃、ノニウス・ダトゥスも年をとった。彼は今やエウォカトゥス、つまり、軍旗の下には留まっていたものの、退役しても良いような立場だった。マウレタニア・カエサリエンシス属州総督も交代し、今ではポルキウス・ウェトゥスティヌスである。第3アウグスタ軍団司令官ルキウス・ノウィウス・クリスピヌスに宛てた書簡の中で、彼は、ノニウス・ダトゥスがその仕事に従事するために数か月間にわたって現地に来るよう求めている。この技師は「その熱心さと誠実さ」をはっきりと評価されている。彼は再びその使命を完遂し、ランバエシスへと戻る。

作業は、主に最も難しい工程に集中して進む。つまり、頁岩（けつがん）の山でのトンネル掘削である。地表面に標杭（ひょうぐい）で経路を指し示し、その後、一定の間隔で掘られた立て坑から水平方向に通路を掘り進むという形で、古典的な技術が発揮された。従って、トンネルが大変深かった（稜線下86メートル）にもかかわらず、間違う危険性はかなり小さい。しかし、J＝P・ラポルトの記すところでは、「まもなく、地面の厚みゆえに一定間隔で立て坑を掘るのが高くついたため、その間隔を広くせねばならなくなった。恐らく、中央部分は立て坑なしで相当な長さ（数百メートル？）を掘らねばならなかった。それが誤りを引き起こしたのである」[100]。実際、両端からこの水路を掘った2つのチームは出会うことができず、水路の連結は果たされなかった。このような憐れむべき事態は当然ながら受け入れがたく、恐らく153年頃、「不精不精」この問題は属州総督に委ねられたのである！ 属州総督はまたもや交代しており、今やティトゥス・ウァリウス・クレメンスである。前任者たちと同様に、彼は第3アウグスタ軍団司令官マルクス・ウァレリウス・エトルスクスに問い合わせる。しかしながら、ノニウス・ダトゥスの状況も今や変わっている。彼は軍を辞め、ランバエシスで退役兵となっていた。従って彼に軍人としての義務はなかったが、彼の自尊心をくすぐり、彼の提示したプロジェクトをしっかりと導くよう腐心することで、彼がかつての専門家としての職務に再び従事することになるこの新しい使命を受け入れるのではないかと思われた。

サルダエの水道の支柱の1つにある石塊上の有翼のペニスの形をした厄除けの印。（J＝P・ラポルト撮影）

こうしてノニウス・ダトゥスは家族と共にサルダエへと再び出発する。軍の随員なしで単なる旅行者となったので、運悪く盗賊に襲われ、身ぐるみはがされてしまう。ようやく現地に到着すると、彼の言によれば、「総督クレメンスと会った。彼は、掘削工事がうまく進まず人々が涙していた山の中に私を案内した」。この技術者の診断はすぐに下った。2つの掘り進められた水路は地表面に標示された経路から逸れてしまっており、2つとも右へ曲がっていたのである。2つの水路が出会う見込みは全くなかったのだ! J＝P・ラポルトの考えでは、「この水準測量技師の真の技術的な手柄はここにある。つまり、長すぎて直線からずれてしまったと思われる250メートルほどの水路を歩き、ある地点で立ち止まり、正確な掘削方向を決める、ということだ。そして同じことを別の水路でも行い、2つの接続されるべき工区が一体となるよう最終的に成功させたことである。小なりとは言え三角測量の傑作がここにある」[101]。通常、技師は、岩の中に50メートルほどの接続部を掘るために、小規模な労働者のチーム――最大でも40人ほど――を組織する。ノニウス・ダトゥスが機転と聡明さを発揮したのは、今度はこの点なのである。彼は土方として兵士たちを選び、競争させた。つまり、一方では、恐らく司令部のあったシェルシェルから来た、あるいは単にサルダエの小港から来た艦隊の水兵たち。他方では、間違いなく近隣に駐屯していたゲザテス(ケルト人の補助部隊で、彼らの伝統的な武器である槍か棍棒の一種、ガエスムを持っていた)である。両部隊の間の競争心は上手く作用し、2つの工区はすぐに接続された。トゥジャの水源地の水はついにサルダエへと注ぎ込み、確実に153年か154年には、ルキウス・ウァリウス・クレメンス総督臨席の下、落成式が挙行された。この水道との付き合いは、優に15年に及んだのである。

このような逸話的な諸側面に加えて、2世紀半ばの水準測量技師ノニウス・ダトゥスの3度に及ぶ関わりは、水道建設における軍の役割の程度を測るのに、豊富な情報源となっている。専門家にせよ、単なる労働力としてにせよ、〔軍が〕工事の全体に関わっていたわけではないことは明らかである。水準測量技師は、この工事の設計段階の一番最初に存在していた。この決定的に重要な段階を、町の技術者に任せることはできなかった。町の技術者では、恐らく十分な道具も、水道の設計図を描き上げるのに十分な能力も、必要な知見も、実際に完成させるのに不可欠な指示書を作成する経験も、無かったからである。第二段階では、工事の進捗状況を確認するために、測量技術者に要請がなされた。現場では、その存在は決定的なものとみなされており、作業に同行するためにサルダエに数か月にわたって滞在するよう求められたほどである。作業チームが軌道に乗った後で、彼は再び現場を離れることができた。しかし、トンネルで深刻な混乱が生じると、彼は、作業を完成させるために再び赴くのを承諾した。従って、彼が水道建設の間ずっと関わっていたわけではない。彼の行動は、特に難しく、かつ時間的に非常に限られた技術的な協力に限られている。労働力としての兵士たちにも同じことが言える。というのも、兵士たちが水路を掘ったのは、接続させるための最後の決定的な段階だけだったからである。兵士たちという選択は、恐らく、彼らの抵抗と、仕事への適応力、そして彼らの規範意識から説明される。

最後に一点記しておきたい。マウレタニア・カエサリエンシス属州総督が、ノニウス・ダトゥスを彼の下に派遣してくれたことを感謝して、第3アウグスタ軍団司令官に手紙を送った時、彼は躊躇なく「文明の恵沢の名の下に」と述べている。この書き方は、良質な水の供給が住民のローマ化のために、とりわけローマの栄光のために、不可欠な地位を占めていたことを示している。

街道の建設と修復

66年、ネロ帝の治世に、ユダヤ反乱が勃発した。ローマ軍を指揮するウェスパシアヌスは、麾下の軍隊に進発の命令を下した。その先頭には、補助部隊の軽装歩兵と弓兵が来る。歩兵や重装騎兵がそれに続き、その後、陣営の設営に必要な測量道具を持つ部隊が来る。フラウィウス・ヨセフスの記すところでは、「そしてこの者たちの後に続いたのは道路開発隊員たちで、彼らは、苦労の多い遠征で(軍団の兵士たちが)疲労困憊にならぬよう、曲がりくねった公道を真っ直ぐにし、でこぼこな道を平坦にし、行く手の妨げとなる木々を切り倒した」[102]。このすぐ後、この工兵部隊が働く様子をこの歴史家は伝えている。実際、ウェスパシアヌスは、歩兵が通るのも大変で、騎兵には通行不可能な、切り立った岩だらけの道を均すよう、彼らに命じている。そして、わずか4日で、この酷い道筋は立派な舗装道路に変わったのである[103]。

これらの手慣れた工兵(フォッソレス)たちのおかげで、ローマ軍はあらゆる土地を手なずけ、とりわけ深い森の中でも道を開くことができた。ウェゲティウスの奨めによれば[104]、「もし、道が狭いにも関わらず行軍を続けねばならないなら、大きな道で危険を甘受するよりも、斧や砕石道具を持った兵士を先行させて、その働きで道を切り開く方が良い」。トラヤヌス記念柱の浮彫りは、大半の場合、新しい道を開く土木作業を示す、現実の数多くの事例を提供してくれる。兵士たちが鶴嘴で街道の経路を切り開き、そこに土を流し込んで穴をふさぐ様子を目にすることができる。時には、道路の舗装面を確実なものとするために、用意された石灰を土の上に置かれた大きな長方形の容器に加えている様子も見られる[105]。これらの作業は軍事遠征の中で実施されたものだが、平和な時代にも公益目的で継続的に行われた街道整備に兵士を慣れさせるものだった。

トラヤヌス記念柱に見る街道の開拓と整備

道を開くための木の伐採〔60ページ上図〕

軍団兵が、陣営から石の壁や木の塔に延びる道をきれいにするために、森の中にあるナラの木を伐っている。この街道は、小さな木の橋で水の流れを渡っている。木を伐るのに使われている道具は、この場面では表されていないが、トラヤヌス記念柱の他の多くのパネルでは非常にしっかりと表現されている(ここでは点描で復元されている)。一方は斧の形、他方は鍬の形となっている。前面では、木の幹の重そうな塊がその中心に据えられており、その荷の重さに軽く身をかがめた二人の兵士に担がれた棒にロープで結ばれている。この幹は、まだ伐ったままの状態である。その右側では、別の男性が一人でそれほど重くなさそうな木を持ち上げている。左側では、軍団兵が水を手桶に汲んでいる。後方では、男が木を倒すためにロープで引っ張っている。記念柱で数多くみられる伐採場面は、これらの現場の様子を想起させてくれる。柵や橋、その他多くの構造物を建てるために、大量の良質な木材が利用された結果、これらの作業が必要となった。トラヤヌスの大きな橋は、恐らく、橋脚の基礎工事に必要な大量の杭やアーチの型枠を生み出すために、大規模な森林伐採を引き起こしただろう。

街道の建設〔60ページ下図〕

前景に表された兵士たちは、木製の仕切り板で部分的に支えられた街道を建設している。左側の最初の人物は

掘削している。次の人物は、一杯分の残土を籠で川に流している。次の二人は、これを繰り返している。つまり、掘削と残土の排出である。

働いている軍団兵の武具（楯と兜）が、手近なところで危急の際にはすぐに使えるよう、地面に置いてある点は指摘しておかねばならない。他の場面では、監視兵も表されている。このような細部の表現は、現場に隣接する森林が恐らく安全ではなかったことを明らかにしている。さらに、陣営の入り口の前の槍にはダキア人の頭が飾られている。

二列目の軍団兵たちは、斧でナラの木を伐っている。左側の最初の人物は、木を倒そうとロープで引っ張っている。続く二人の人物は、長い柄のついた斧を操り、全力で腕を振り上げて、枝を切っている。大きな木の幹を肩に担いだ人物もいる。右側では、別の軍団兵が伐採された木を、恐らく比較的小さいものなので、一人で移動させている。道を開くために伐採された木はすべて、建設工事のために回収され利用された。

木製の小さな橋の建設〔下図〕

下の図の前列では、左から右へ向かって、まず軍団兵が木槌で垂直材を打ち込んでいる。次の人物は、小さな橋の欄干の抗風設備となる斜めの部材を調整している。さらに右では、二人の人物が木材（恐らく欄干の手すり）を運んでいる。後方では左側で、二人の軍団兵が2つの木材を調整している。そのうちの一人は木槌と鑿（のみ）で刻み目を彫っており、もう一人は接合部を安定させるために木材を垂直に打ち込んでいる。

他の場面からは、軍によって用いられ、トラヤヌス記念柱に繰り返し姿を見せる石造建築の技術が分かる。兵士が腕の力で石を持ち上げ、それを石工がつかんでいる様子も見られる。陣営の中では別の石工が、革ひもで石を背負った人物の背中から、その石を取り上げている。

トラヤヌス記念柱の建設状況を示した他の全場面は、重い巻き上げ機を使わず素早く建設できるように、軍団兵が小さく手で扱えるような石を使っていたことを示している。辺境の要塞やトラヤヌスの橋関連の石造建造物が同じような方法で実現されたことは、疑問の余地のない事実である。

イタリアの小フラミニア街道

前2世紀初頭、リグリア人はローマによって決定的に打ち破られた。執政官のガイウス・フラミニウスは、イタリア北部の平和を確立したばかりだったが、兵士を無為にしておくのを恐れた。そのため、前187年、「ボローニャからアッレティウムまで街道を建設させた」とティトゥス・リウィウスは記している[106]。この街道はその建設者の名前をとって、小フラミニア街道の名で知られている。ボノニア(現ボローニャ)から、ピストリアエ(現ピストイア)、フロレンティア(現フィレンツェ)、アクィレイア(現アクイレア)[ii]を通り、アルノ河谷を経て、アッレティウム(現アレッツォ)に至る。ここからは、カッシア街道と合流し、ローマへと至る。

この街道の整備に関して技術的な詳細は何ら分かっていないにせよ、その連続する諸段階を復元してみることは許されよう。その経路はエトルリア人の古道を活用したもので、まず、軍団に属する水準測量技師によって確定され、次いでグロマを用いた測量士(グロマティキ、あるいはアグリメンソレス)により境界が確定された。その後、兵士たちが、将来街道となる部分の道床の雑草木の除去作業を進めた。木々や茂みは焼き払われたが、稀に、例えば勾配を緩和するために、路面の下の基礎に加える目的で、木の幹や大きな枝が回収され用意されることもあっただろう。きれいにされた部分は、鶴嘴で表土をはがされ、シャベルで地盤まで掘り返された。それから、この大きな穴となった部分(一般的には4から6メートル)を周辺から掘り出した土砂で満たし、雨水を確実に排出するために凸型の断面にした。そうすることで舗装面が早く乾き、劣化しにくくなる。最後に、下の盛り土に加えて、兵士たちが街道の内部構造からなる別の部材の層を設置していく。

詩の表現だが、スタティウスは、95年、シヌエッサ(現モンドラゴーネ付近)南東のアッピア街道からポッツォーリ方面およびネアポリス(現ナポリ)の街道へ向けて道を建設させたばかりのドミティアヌス帝を称賛するに際して、これと同じことを言っている。その経路は長く険しい、そのうえ湿地と砂地を横切る古い道を活用したものだった。「ここでの最初の仕事は、溝を手始めとして境界を画し、深く掘り下げて土を空にすることだ。それから、その掘られた穴を別のもので再び満たし、その中心線を凸型に準備する。その基礎部分が揺らいではならないし、安普請(やすぶしん)で石畳に疑わしい基礎を供してもならない。その後、表面を葺石(ふきいし)で敷き詰め、くさび形の石で道を突き固めるのだ。あぁ、手で何と多くのことを同時にせねばならぬことか。木を伐って山を裸にする者もいれば、鉄の道具で岩や材木を加工する者もいる。石を束ね、焼いた砂や汚れた石灰で固める者もいる。水を含んだ溝をその手で乾燥させ、わずかな水流を遠くまで消し去る者もいる。[…]街道の広い凸部の上には、大理石の舗装面が両側に等しく広がる。その入口にして恵み深き出発点は、戦争に勝っ

[次ページ]軍による舗装道路の建設過程。まず、土方の一団が道路の基礎部分の大掛かりな掘削に取り組む。土は籠で運び出され、荷車で移送される。この土は、後で空いた空間を埋めるのに役立つこともある。それから、他の労働者たちが、その区画の底にモルタルと砂でできた厚い層を流し込んで作っていく。その後、さらに別の者たちが、石の層、砂利の層、砂の層を続けて広げている。最終的には敷石を置く前に、土がつき固められる。舗装道路の断面は、雨水の排出を簡単にするために、わずかに凸型になっている。道の両側は、縁石による縁取りで画されている。

ドミティア街道沿いのアンブルッスムの宿駅とヴィドゥルル川にかかるアンブロワの橋。「アンブルッスムの宿駅の発掘で見つかった考古学的な証拠は、武器工場に関するもので、この地に軍が存在していたことを示している。駐留兵（スタティオナリイ）は、人の移動やモノの流通を保障する役割を担っていた」（J.-L. Fiches, “À propos de la politique routière de l’état romain”, in *Stations routières en Gaule romaine, Gallia*, 73.1, 2016, p.20参照）。この地域で軍隊が街道や橋の建設に関わっていたことを明確に証拠立てる碑文は発見されていないが、可能性はある。

た将軍たちの記念碑で飾られ全リグリアの鉱山によって光り輝くアーチ[107]なのだ」[108]。

街道工事への兵士の分遣隊の関わり

数多くの碑文が——その多くはマイル標石である——帝国各地で街道の建設や修復に軍が直接的に関わっていたことを記録している。まずはスペインを見てみよう。バルデカロのバッランコやカティリスカルで見つかったマイル標石には、3つの軍団名が言及されている。1つ目のマイル標石には第10ゲミナ軍団が、2つ目には第3マケドニア軍団が、3つ目には第6ウィクトリクス軍団が、という具合である。これら3つの部隊の存在は、マルトレイの橋でも一緒に言及されているのを後で見ることになるが、特に驚くことではない。G・ファブル、M・メイヤー、I・ロダの言によれば[109]、「彼らはアウグストゥスの治世前半にカンタブリア戦争に従事し、カエサルアウグスタ(現サラゴサ)を一緒に創設したことが知られている」。これら3軍団は、前9年から前4年まで現地に留まっており、カエサルアウグスタとポンパエロ(現パンプローナ)を結ぶこの街道上で整地作業に参加するために、分遣隊を送ったのである[110]。

その後まもなく、ティベリウス帝の治世初頭——14年か15年に——、アフリカ属州に駐屯する第3アウグスタ軍団が、カプサ(現ガフサ)からタカペ(現ガベス)に至る地域の街道整備に参加した。この街道は、この軍団の冬営地アンマエダラ(現ハイドラ)に始まって、現代のガベス港まで、その経路は183マイルほど、つまり270キロメートルほどに及ぶ。経済的・戦略的利益を持つこの事業のために、それを監督した総督(プロコンスル)ルキウス・ノニウス・アスプレナスは、皇帝によって決定された街道政策を明らかに実行に移したのである[111]。同じくアフリカ属州で、123年、同じ第3アウグスタ軍団の分遣隊(ウェクシッラティオ)が、カルタゴからテヴェステに至る街道の舗装工事を進めた[112]。この路面の補強作業は、ハドリアヌス帝の軍団司令官だったプブリウス・メティリウス・セクンドゥスの指揮下で施工された[113]。アルジェリアの他の事例もある。145年、アントニヌス・ピウス帝の治世に、軍団

アンマエダラ(現ハイドラ、チュニジア)の東側入り口の舗装されたローマ街道。後代に建設されたセプティミウス・セウェルス帝のアーチの前方の部分である。この街道はカルタゴとテヴェステを結んでおり、123年に第3アウグスタ軍団の分遣隊によって舗装された。(J=C・ゴルヴァン撮影)

司令官プラスティナ・メッサリヌスの命令で、第6フェッラタ軍団の一部隊がランバエシスからビスクラ地域へと延びる街道を建設した。この建設工事を記念するために、オーレス山系のティガニミネの谷間の岩壁にラテン語の碑文が刻まれた[114]。街道建設への軍の関与を示す最後の証言の1つである。ダルマティアで、あるラテン語碑文の証言するところによれば[115]、州都サロナ（現ソリン、クロアチア）とアンデトリウム（現ムシュ、同じくクロアチアでソリンの北西25キロメートル）を結ぶガビニアナ街道上の修復作業に第7および第11軍団——これらの部隊の正確な呼称は特定できない[116]——の部隊が用いられたことが知られている。

皇帝が山々を切り開くとき

このような道路関連の作業は、軍隊を無為にしておきたくない司令官たちが行うありきたりのものだったけれども、皇帝のプロパガンダに相応しい英雄的な一面を見せることもある。例えば、イタリアでフキヌス湖の排水のためにクラウディウス帝によって企図された大規模水利事業に言及するに際し、タキトゥスは、皇帝が山を切り開き雄大で賞讃に値する事業をなし遂げたとためらうことなく書いている[117]。君主は自然を征服し、屈服させて、山を服従させ、自らの意のままにしたのである。

街道工事で難事業を達成した場合に刻まれた碑文に、皇帝の全能性についてのこのような考え方を見出すことができる。最初の事例は、シリアのダマスクスの北西25キロメートルの場所で見つかったものである。「インペラトル・カエサル・マルクス・アウレリウス・アントニヌス・アウグストゥス、アルメニア人の征服者と、インペラトル・カエサル・ルキウス・アウレリウス・ウェルス・アウグストゥス、アルメニア人の征服者が、山を切り開いて、川の力で寸断されていた街道を修復した。シリア属州総督にして皇帝たちの友たるユリウス・ウェルスを介して、アビラ人の負担により」。

このすぐ横の岩壁に刻まれた2つ目のラテン語碑文が、この文面を補完してくれる。「アントニヌス帝とウェルス帝の安寧のために、この作業を取り仕切ったマルクス・ウォルシウス・マクシムス、第16フラウィア・フィルマ軍団の百人隊長が、誓いを果たした」。

これら2つの岩壁碑文は、ダマスクスとアビラ・リュサニウ（現スーク・ワディ・バラダ）を結ぶローマ街道に沿って刻まれており、マルクス・アウレリウス帝とルキウス・ウェルス帝治世の164年から165年に行われた大規模な作業を思い起こさせてくれる。戦略的な交差点に至るこの街道は、バラダ川の大規模な氾濫で根こそぎにされたものの、岩場を切り開いて再建された。この作業は、百人隊長マルクス・ウォルシウス・マクシムスの指揮の下、第16フラウィア・フィルマ軍団の一部隊によって施工された。しかし、技術者と労働力は軍から提供されたのだとしても、この修復費用をすべて負担したのはアビラの住民であったことを、この碑文は明確に示している[118]。

2つ目の事例はレバノンからである。ベイルート（ベリュトス）の北12キロメートルほどのところ、ナール・エル・ケルブ川（古代のリュコス川）の東、アンティオキアとエジプトを結ぶローマの重要な沿岸の街道に面した岩の上に、ラテン語の碑文が刻まれている。それら一連の石板と浅浮彫りは、この戦略的な通過点を露天の記憶の場としている。この岩肌の碑文はカラカラ帝に捧げられたもので、この皇帝が213年から217年の間に「リュコス川を治める山を切り開き街道を拡幅した」ことを伝えている。このテクストの指し示すところによれば、この作業は第3ガッリカ・アントニニアナ

軍団によって実行された。

50年ほどの間をあけて使われた同じ形式の表現は、もちろん、無意味なものではない。H・ブリュが的確にも強調しているように[119]、「それは、大規模な作業に着手しようとする皇帝権の志向を示すものであり、皇帝権は、この石がそうであるような堅く困難な物体だけでなく、事実上、大地の表層としての山それ自体に挑戦することで、自然に挑戦しているのである。公的かつ記憶に残るような文言として発された表現として示すことにより、皇帝権を、想像力を刺激するティタン族の試みやキュクロプスの作業[iii]を可能とするような『高度な文明』の守護者として提示することになったのである」[120]。

同じような壮挙を可能としたローマ軍やその土木技術者たちには、皇帝の宣伝で多大な敬意が払われていた[121]。シリアやレバノンの山々に穿たれた刻み目に触れたならば、ドナウ川の断崖の岩に穿たれた街道にも触れておくべきだろう。それについては、鉄門でのトラヤヌス帝の大計画について取り上げた章〔84ページ以下〕で述べることにしたい。

［上］シリアのアレッポの西40キロメートルのところにある、アンティオキアからカルキスまでのローマ街道の絵になる区間の様子2点。幅6メートルで、恐らく軍によって施工されたこの街道の建設は、大きな岩塊による縁取りと、頑丈な石による舗装で、とりわけ入念に行なわれた。(G・クーロン撮影)

橋の建設

軍事遠征の途中で木の橋を建設するのは例外的なことではなかった。タキトゥスの『年代記』を読むだけでも、数多くの橋が数日で戦地に造られ、分解もされず間もなく壊されていることが分かる。慣例化していたというわけではなかったにせよ、この特殊な作業は、それに従事する兵士たちにとっては慣れ親しんだものとなった。P・ル・ルーが、橋は「軍の技術者が誰よりも精通していた技術的知見を必要とする事業だった」と書いているほどである[122]。そのノウハウは、軍団兵にとっては、橋を使わずに水を渡ることは危険であり、彼に相応しくないと思わせるほどに、発達していた[123]。実際、橋を建設できるのは、組織された——つまり文明化された——軍隊のみだったのであり、蛮族は泳ぐか、川が氷で覆われたときしか、川を渡ることはできない。ローマの軍人は武装で重かったから、不名誉の危険を冒しつつ、足を濡らさずに渡河することしかできなかった。さらに、S・クロジエ・ペトルカンの記すところでは、「もし橋がローマの技術的、軍事的、政治的優位性の象徴であるなら、川が征服されたことは、ローマ人の心性においては、神々の同意と支持をも表している」のだという[124]。

ローマ軍兵士によって建設された橋は4種類である。つまり、木の橋、船の橋、石の橋と、それらを混合したもので、石でできた橋脚と木でできたアーチや橋床を併用したものである。このような混合型の事業の中で最も目を引く事例は、トラヤヌス帝がドナウ川に架けさせた巨大な橋である。

ライン川に架けられたカエサルの橋

前55年、ガリア人との戦争は4年目に入った。スエビ族——「ゲルマニア人の中で規模も好戦性も飛び抜けていた[125]」——とその同盟者に対する襲撃を率いるのを待ちきれず、ユリウス・カエサルはライン川を越えることを決断した。このローマ人将軍は、無礼を受けたばかりだった。スカンブリ族は、戦いに参加する人員の提供を求めた彼に対して、「ローマ国民の統治が及ぶのはライン川までだ」と回答したのである[126]。ライン川対岸のローマの同盟部族ウビイ族は、兵士たちを川の対岸に渡すために数多くの小舟を提供することで〔ローマ軍を〕支援すると、彼に提案していた。カエサルは、「しかし、船による渡河は、十分に安全ではないと考えると同時に、カエサル自身にとってもローマ国民にとっても沽券に関わると判断していた」と反駁している[127]。

その威信(ディグニタス)を保つために、このローマ人将軍は橋を建設すると決定した。川幅(400メートル)と深さ、さらにその流れの速さゆえに、その企図には多大な困難を伴うにもかかわらずである。最終的には、C・グディノーが指摘するように[128]、想像力を刺激するような断固たる意志に比して、この作業を進める理由に大した重要性はない。それもそのはずだ! ライン川は、侵されることなき神話的な川であり、いかなる街道もそれを越えることはなく、ローマ帝国(インペリウム・ロマヌム)の限界を画するものと考えられていたのである。当時知られていた最も大きな川の1つであった。その流れの激しさで知られ、その御し難い荒々しさは集合的イメージとしてしっ

[次ページ見開き]カエサルによって10日で造られた50の柱間をもつ木製の巨大な橋を通って、軍隊はライン川を渡った。両端部には橋に上る傾斜路があるほか、実用的な建物群、さらに上流には作業場もある。橋の建設に使われたと思しき川に浮かぶ機器も表現されている。

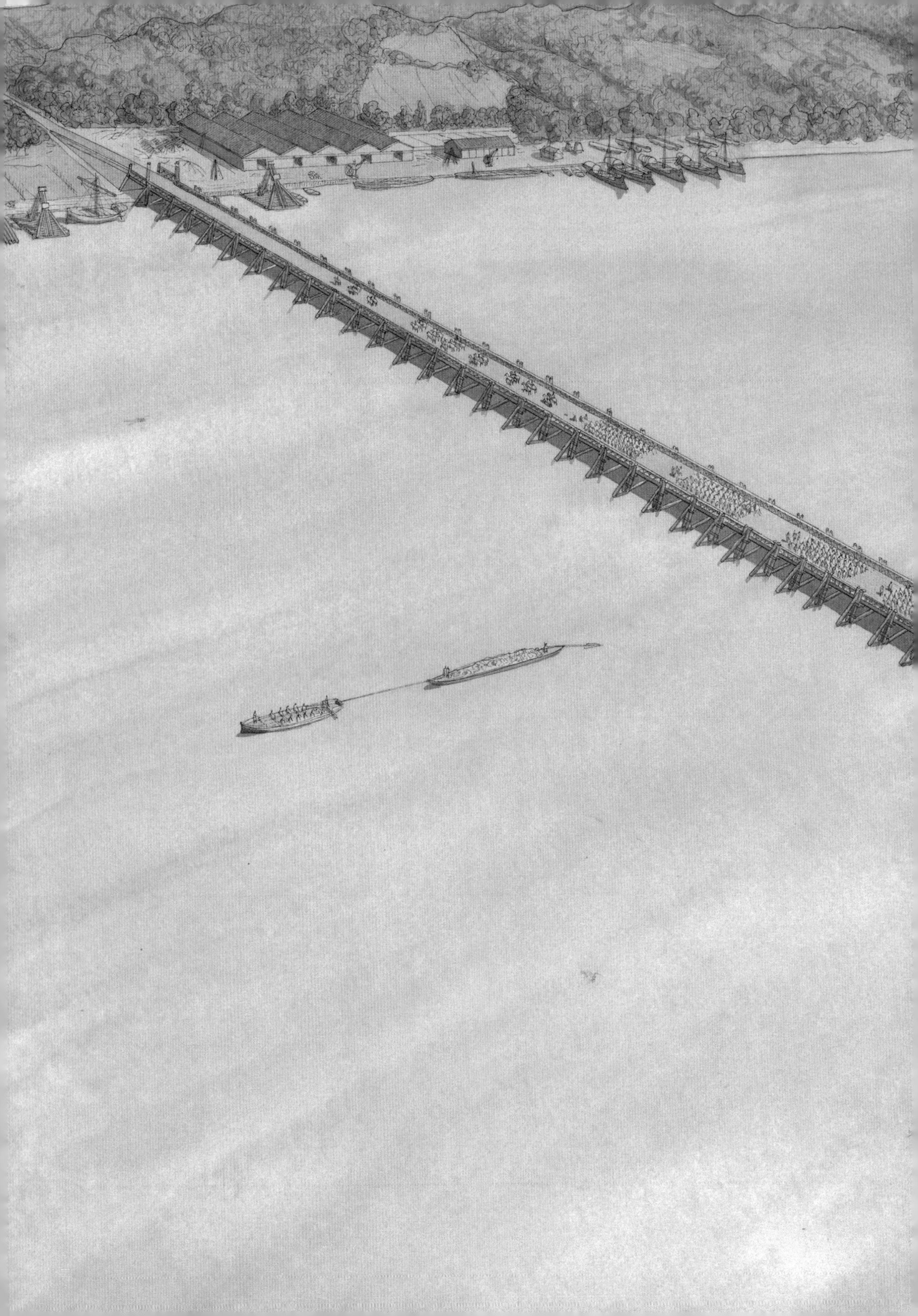

かりと存在していた。カエサルはそれを知らなかったわけではなく、この技術的偉業の実現がもたらすであろう影響も理解していた。それゆえ、この巨大な困難に直面して、彼は自身の土木技術系の士官や技術者たちに革新を求めたのである。

ここで用いられた技術を彼が詳細に述べた一節はとても有名で、それについてモンテーニュは『エセー』の中で次のように書いている[129]。「すばらしい橋の建造を事細かに述べているのはこの箇所である。実際、このような手先の工事の工夫に巧みなことを示すときほど、自分の手柄について長々と叙述した箇所はどこにもない」。文中で、この事業の計画者ならびに建設者としての役割を自らに割り振っているカエサルの言うことを聞いてみよう。「橋の構造は次のようなものであった。まず、太さ1.5ペース[45センチメートル]の角材を2本、それぞれ先端から少しの部分を尖らせ、川の深さに応じた長さに切ったうえで、2ペース[60センチメートル]の間隔をあけて互いに結び合わせた。この支柱を起重機で川の中へ運び入れて固定し、杭打ち機で打ち込んだ。ただ、普通の杭のように垂直に立てるのではなく、傾斜角をつけて、川の流れに逆らわないように傾けた。それから、これに向き合わせて、同様の2本の角材を同じ方法で結び合わせた支柱を底の部分で40ペース[12メートル]離れた位置に、今度は川の流れの強い勢いに逆らう方向に向くよう立てた。これらの両方の支柱は、上に――角材同士を結び合わせた間隔である――2ペース[60センチメートル]幅の梁を組み入れ、対角線上に2本ずつ筋交いを渡して留められた。このように間隔を置いて向き合うように連結された橋脚はじつに強い造りで、自然の理にもかなっていたので、水の勢いが強くなればなるほど、それだけいっそう固く締まり、びくともしなかった。これら橋脚は直角方向に置いた木材で繋ぎ合わされ、長い棒と枝編細工で床面が張られた。そのうえさらに杭を、一方では、川の下流に斜めに打ち込み、補助支柱として橋脚全体と連携して川の勢いを受け止めるようにした。他方また、川の上流にも適当な間隔を置いて杭を打ち込んだが、これは、丸太や船が橋を壊す目的で蛮族によって放り込まれた場合に、この杭が防壁となってそれらの力を弱め、橋が傷つくのを防ぐためであった」[130]。

軍団兵たちは森の中に散らばり、ナラの木を伐り、部材に切り分け、現場へとそれらを運び始める[131]。多くの兵士たちが大工や架橋兵へと様変わりし、杭打ち機で川の泥土に杭を打ち込み、対になったトラスを組み立て、橋床の横木を設置し、防護用の杭を立てる。10日で橋は完成し、軍隊はライン川を渡った。カエサルは初めてこの神話的な川を征服し、フロルスは「軛(くびき)によるかのごとく橋によって捕らえられた」と評している[132]。ゲルマン人の領域への懲罰的な遠征の方はと言えば、短期間で終わった。というのも、――少なくともカエサルの主張では――目的が達成されたからである。彼は再び川を渡り、多くの注釈者たちに従うなら、後に残った橋を間もなく破壊させた。この建造物は、多大な努力と多くの人命を要したと思われるにもかかわらず、利用開始から18日で破壊されてしまったのだ！　この迅速さと破壊は、「この企図の全き無償性」を示すものであり[133]、その唯一の目的は、ゲルマン人に強い印象を与える効果的な一撃をなし遂げることだったのである。そして、もちろんローマでも、その栄光を高めることが目的であった。

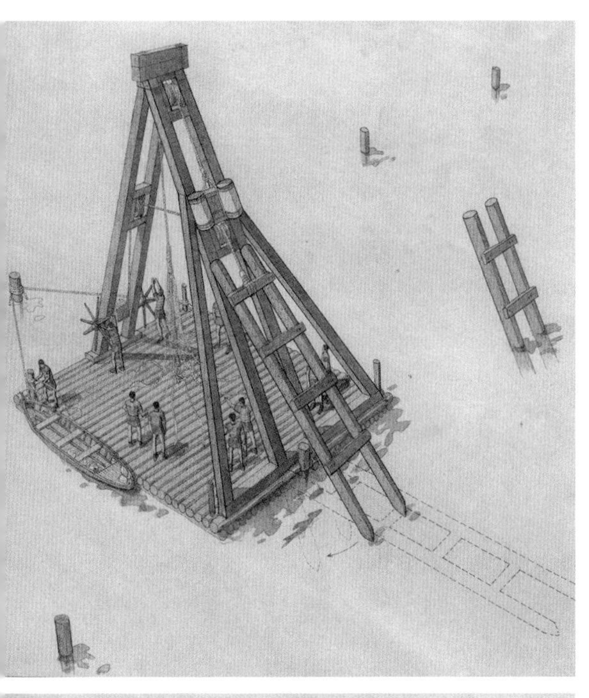

ライン川の橋の建設

幅400メートルの流れの速い川に橋を架けるには、非常に効率的な方法が不可避的に重要となる。もっとも簡単な解決法は、街道建設の場合のように、橋の経路を杭でしっかりと標示することだろう。グロマを用いて簡易測量用の杭をしっかりと一列に並ぶよう打ち込んでいくのには、多くの利点があるように思われる。一定の間隔を置いて設置されたこれらの杭は、後で設置される橋げたの軸線を示し、それらを設置することでそれぞれ川の深さがどれほどか教えてくれ、前もって必要な長さの杭を作らせておくこともできる。

これらの簡易測量用の杭は目印として役立ち、同じく、建設に用いられる川に浮かぶ機器の固定場所としても役に立つ。浮かべて運ばれてきた2本セットの杭は、最初はクレーンとして用いられたであろう〔川に浮かぶ〕機器によって持ち上げられた。

2本セットの杭は、恐らく水の中を数メートルまで伸びていたであろう斜めの支柱にそって、滑り降りる。こうして、川床に接するまで完璧な位置で杭を下ろすことができた。

〔川に浮かぶ〕機器は、次は杭打ち機として活躍した。滑り溝として役立ったその柱の傾きは、杭を打ち込まねばならないその角度に対応していた。10人ほどがロープを引いて「羊」(衝撃弾)を持ち上げた。ロープを離すと、「羊」は杭の頭にあたり、沈んでいく。この作業は、望みの高さに達するまで繰り返された。

この作業手順や品名はカエサルのテクストに忠実に従っており、工事の進行状況を復元することを可能にしてくれる。

これら対になった杭が川に突き刺されると、流れに抵抗するために杭で造られた設備を固定する斜めの部材を設置することが可能となる。それから、同じ機器で持ち上げられ、金属製のバンドで杭に固定できるような大型の横材が運び込まれる。その上に、縦方向の部材が一定の間隔を置いて設置され、さらに小型の横材と枝編細工が置かれた。川の圧力に対する構造物の抵抗力を下流側で強化するために、橋の仕切り板のあたりから支柱が

[上]川に浮かぶ機器で、まずは、浮かべて運ばれてきたライン川の橋の2本組みの杭を持ち上げることができた。

[下]この川に浮かぶ機器は、次いで、対になった杭を川床に打ち込むのに使われた。

組まれた。これは大きく傾けられた杭で、槌で〔川床に〕埋め込まれた後、橋に固定されたのである。
　最後に、欄干の設置という仕上げの作業が行われた。

[上]ライン川の橋の構造は、カエサルのテクストから正確に復元できる。

この束の間存在しただけの橋の場所については、様々な議論がある。およそ25年前、コブレンツ近くの（より正確に言えばノイヴィルトの）ライン川を渡る高速道路の工事現場で、年輪年代学によって前55年と同定された杭が発見された。これで問題は解決したと思われた[134]。しかし何としたことか！ その痕跡は捨てられてしまい[135]、今日でもなお、カエサルの橋の場所は発見されるのを待っているのである。

船の橋

船の橋は、遠征中の軍隊にとって議論の余地なく切り札となるものだった。この仮設の設備は素早く建設することができて、大きな困難もなく、水位の変動にも容易に対応できた。ごく稀に例外はあったにせよ、典型的に軍事目的の施設であり、ラテン語の文献でしばしば目にすることができる。帝国各地で生じたいくつかの事例を見ていこう。リヨンとアウクスト[iv]の植民市の創設者だったルキウス・ムナティウス・プランクスは、前43年、キケロにこう書き送っている。「私は5月18日にイゼール河畔から陣営を動かしました。川に築いた橋は、両端部に二箇所、橋頭保を設置し[…]、ブルートゥスと彼の軍隊が到着した時に遅滞なく渡河できるよう計らいました」[136]。この証言は重要だ。というのも、ガリアでローマ軍が橋を建設したという最初の証言の1つなのである[137]。実際、この仮設の構造物は一日でイゼール川に架けられたとプランクスは述べている。このような機敏さは、この橋が船で造られたものであり、それを完成させるために小舟や桁材を集めることができたことを思わせる。

68年から70年にかけての帝国の危機に際しては、ウィテリウスとオトの支持者がそれぞれイタリアで激突した。二人の軍司令官、カエキナとウァレンスは「ポー川を渡河すると見せかけて、オト軍の剣闘士勢が陣取っていたところの真向かいに橋を作り始めた。それはまた、配下の兵士に怠惰な時間を潰させないためでもあった[138]。船をお互いに等間隔に並べ、隣り合う舷側を頑丈な板で繋ぎ、舳を川上に向け、この船橋をしっかりと固定するために上流へ錨を投げ込む。しかし錨索がぴんと張らないように流し、川が増水し船が浮上しても、船列が乱れないようにした」。こうタキトゥスは記している[139]。

54年頃、パルティアと戦っていたコルブロは、ユーフラテス川にかかる船の橋を整備させた。彼は、敵に向けて砲弾や槍を発射するために、この川に浮かぶプラットフォームに櫓（やぐら）を並べさせたのである。蛮族は退却し、コルブロは、パルティア人にその戦略の変更を余儀なくさせるほどの素早さで、余裕をもって橋を完成させることができた[140]。この最後の事例は厳密には軍事的な分野のものとは思われないが、この類の事業に慣れた軍の技術者がその作業を研究し、計画を立てたことは確実である。カリグラ帝（37～41年）は、独創的で新奇な見世物を生み出そうと望み、イタリアで、バイアエとポッツォーリの突堤の間に「世界中から貨物船を徴集し、二列に並べて錨でとめ[141]」橋を架けさせた。それから、それらを土で覆って、全体を見た目はアッピア街道のように整えた。

船の橋の建設

川に浮かぶ橋の建設は、遠征中の軍隊に川を素早く渡らせるために、ずば抜けて効率的な手段だった。その建設は、橋床を支える船を一続きに並べることからなっている。この類の構造物の最良の表現は、トラヤヌス記念柱に

見られる。

この浅浮彫りではいくつかの船が表現されているだけだが、ドナウ川を渡るためには100艘以上の船を並べる必要があっただろう。この種の橋は、ダキア戦争の初期に作られた。密集して配置された船は大型船に似ており、櫂で示された高くなった舳先や欄干のついたデッキ部分も見える。橋脚は、橋床を支える横材を載せた縦方向の柱で構成されている。橋の入り口は水平になっているように思われるが、終点は斜路につながっているようだ。この構造物の両端に跳ね橋があったという兆候はない。

トラヤヌス記念柱に表現された船の長さは、橋床の幅が10メートルほどであったことを踏まえるなら、概算だが復元することができる。トラヤヌス記念柱に示されたデッキ部分と合わせてその船尾の幅を加え、バランスを取るために同じくらいの船尾をはみ出させておく必要がある。このような制約条件からすると、船の長さは最大で20メートルほどだったと推測される。その幅が5メートルを下回ることはなく、間隔はかなり狭かった。

この類の橋の設置には、大きな問題もある。つまり、船を錨で留めて安定させ、一列に並べ、一定の間隔を置いて配置する必要があるのだ。その作業の実施に関する理論的な2つの原則を見ていこう。

最初の解決策：

船を１艘ずつ並べる

この仮説では、船を一艘ずつ進めさせ、川岸から恐らく視覚的なシグナルで、船を操る兵士に錨の投入を指示した。この指示は、守るべき線を示してくれるグロマを用いてこの作業を監督する責任を負った人物によって下された。

船のデッキ部分にいる人には、錨につながるロープを引っ張ることで、完璧な方法で列を整えるべく、船を少し前進させたり後退させたりすることが可能となった。

時間を節約するために、船の上に直接、木の支柱を築いたと考えるのは妥当だろう。船と船の間の距離は近かっ

[前ページ]トラヤヌス記念柱に表現された船の橋。

[上]建設中の船の橋。

たから、間隔の調整は簡単である。それから、船と船の間を支柱で結ぶことができる。この技術を描いた復元図では、橋の構造をなす三角形の部材を持ち上げることもできるような川に浮かぶ大型クレーンも復元した。

しかしながら、大規模な橋は、川の流れの圧力や増水期に変形してしまう恐れがある。そのため、引っ張りケーブルを固定するための非常に強力な固定場所を上流側に何か所か建設するのが適当である。実際、橋は、いかなる時でも軍隊が利用できるように、完全に安全でなければならないのである。

2つ目の解決策：

川岸で橋の一部を作る

この仮説では、橋の一部を建設し、船を間隔をあけて並べ、つなぐのは簡単だ。これら異なる作業が川岸で、しっかりした地面の側から行われる。それから、この橋の一部を川に運び、設置することができた。そのためには、両端部分に、川の流れに逆らって進めるような櫂で進む牽引用の船を配置しておく必要がある。この橋の一部が目的の場所に到着したら、錨で留める。それから、橋の各区間をつなげることが可能となっても、実現するには繊細さを要する。つまるところ、先ほどの解決策と同様に、橋が変形するのを防ぐために、かなりしっかりと支柱に引っ張りケーブルで固定する必要があるのだ。

現場の制約条件に応じて、これらの解決策のいずれかを用いることができる。

このような古代の文献史料から得られる情報に、ダキア（今日のルーマニアとモルドバ）の征服を説明したトラヤヌス記念柱の素晴らしい浅浮彫りも加えてみよう[142]。目を引く2つの場面が、船の橋を表している。最初のものは、101年、トラヤヌス帝が第1次ダキア戦争の第1次遠征を行った際の、ドナウ川渡河を表したものである。印象的なドナウ川の神の好意的な視線の下、兵士たちが並行する2つの船橋を渡っている。これらの橋の一本は、川の流れに対して縦に配置された6隻の船で表されている。それらの船が木製の橋床を支え、船室のある船尾側は高く上がっている。ドナウ川を渡るためには、これよりずっと多くの船を配置する必要があったのは明らかである。その後方では、2隻の船が、同じような装備を持った2つ目の橋の存在を示唆している。2つ目の場面は、時間的に言えば翌年、102年の第2次遠征の冒頭で起こった出来事である。それは春のことだったはずで、ポンテス＝ドロベタの巨大な橋の作業は恐らくまだ始まっていなかった。このときの橋は、前回の場面で表された船とほとんど同じ特徴を持つ4隻の船で象徴的に示されている。

これらの橋はすべて、仮設のものとして整備された軍事施設であり、兵士たちが渡った後は破壊されてしまった。実際、4世紀初頭のコンスタンティヌス帝頌詞では[143]、「永遠なる」石の橋を「はかない」船の集合と対比させて、その仮設的な性格を確認している。しかし、このような見方とは反対に、アルルでは恒久的な船の橋でローヌ川を越えていたという事実に触れないわけにはいかないのではないか？ この川の深さと流れの激しさ——深さは5メートルほど変動し得るうえに、流量も毎秒600から15000立方メートルまで変動する——が、この地点で280メートルの幅を持つ川の湾曲点にこの橋を建設するという技術者たちの判断を説明してく

［次ページ上］アルル（アレラテ）の2つ目の船の橋の復元図。川床に立てられた支柱で固定されている。

［次ページ下］アルルの1つ目の浮橋の端の部分の復元図。跳ね橋や、北に向かう船を引くための引き船道の仕組みを示している。

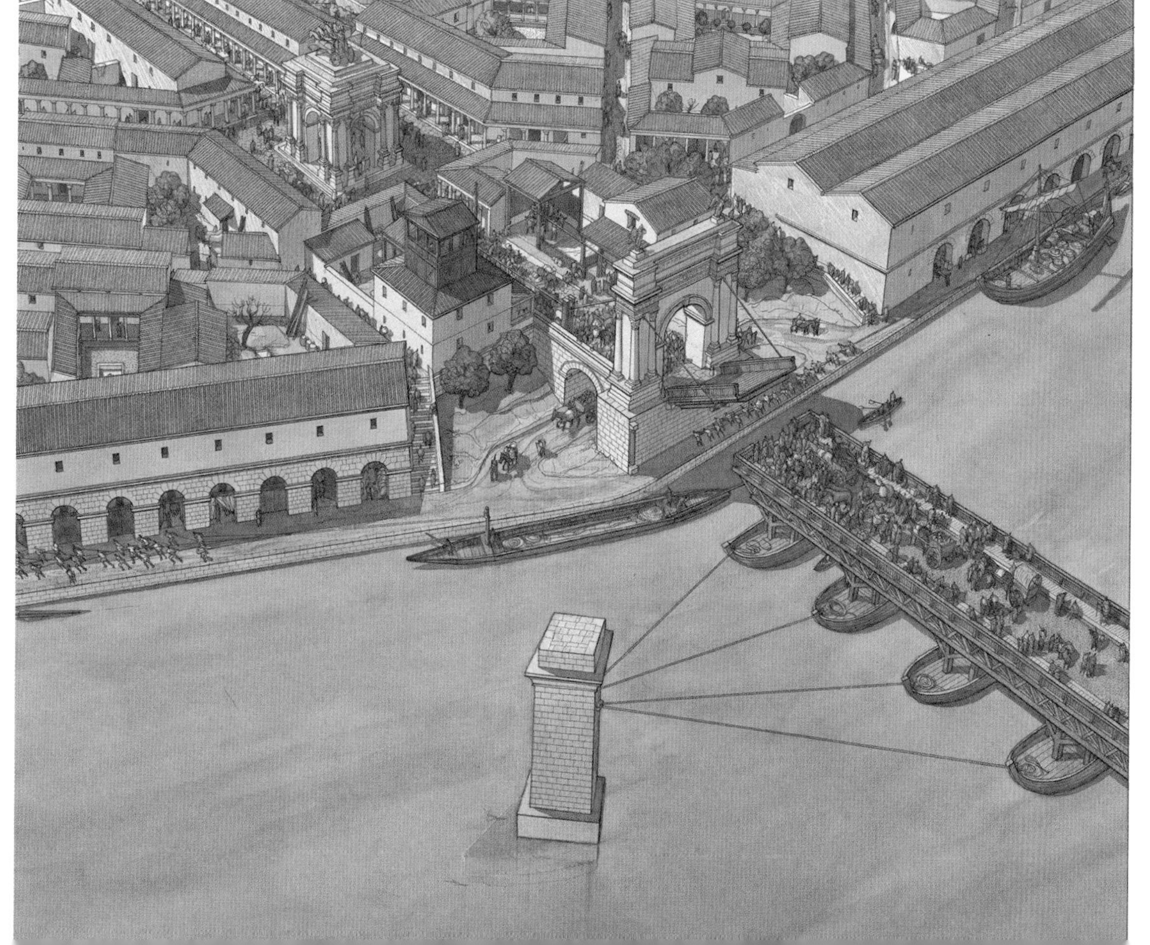

れる[144]。オスティアの組合の広場のモザイクには、このローヌ川の橋と3つの河口を持つデルタ地帯に関わる表現が見られる。アレラテの住民は、ローマの外港〔たるオスティア〕の彼らの商業事務所のシンボルとしてこの建造物を選ぶほど、それに明らかに誇りを持っていた。恐らく、この橋の浮遊部分は最大で20隻ほどの船からなっており、相互に固く結びつけられ、その上には木製の橋床が渡されていたものと思われる。2つの跳ね橋で石製の橋脚と連結され、その入り口部分は2つの門で画されていた。このアルルの構築物は、ローヌ川の渡河を可能とする一方、他方では、この重要な河川港の航行も可能としていた。この橋が民間の構築物だったことは確かだが、このプロジェクトを仕上げるために、少なくとも軍の技術者がその専門知識を提供したと考えるのは合理的なことである。

チュニジアのシミットゥス（現シャントゥ）の橋

シミットゥスは、メジェルダ川（バグラダ川）に面し、2つの街道が交差する場所に位置している。街道の1つはカルタゴとヒッポ・レギウス（現アンナバ、アルジェリア）をブッラ・レギア（現ハンマム・デッラジ）経由で結ぶものであり、もう1つはタブラカ（現タバルカ）からシッカ・ウェネリア（現ル・ケフ）に伸びるものだ。当初は自治市であったが、アウグストゥス治世初頭、前27年以降、植民市となった。この町の驚異的な繁栄は、ヌミディア大理石（マルモル・ヌミディクム）の採石場のおかげだった。赤みがかった黄色の石で、ローマや帝国各地で珍重された。この巨大な採石場は皇帝の財産とされ、鉱山送り（アド・メタッラ）の刑とされた者たちを収容する監獄を管理する軍の陣営の近く、町を見下ろす山中に開かれていた。この労働キャンプ（プラエシディウム・エルガストゥルム）は、ローマ帝国内で確認されたものの中で最も巨大なものである。

この大理石は輸出のために、川で、あるいは陸路でも、地中海へと運ばれた[145]。メジェルダ川に最初の橋が架けられたのは後1世紀初頭、恐らくティベリウス治世のことだったが、増水で流されてしまったらしい。4世紀まで続くことになるヌミディア大理石の利用を背景として[146]、シッカ・ウェネリア市との間を結ぶ街道を〔橋で〕川越えさせることは、大きな重要性を持っていた。そのため、112年、トラヤヌス帝がこの町に新しい橋を与えた。シャントゥの博物館に保存されている横1.8メートル、高さ1.6メートルの美麗な碑文は、この重要な土木事業の完成を記念して刻まれたものである[147]。「インペラトル・カエサル、神君ネルウァの息子、ネルウァ・トラヤヌス・オプティムス・アウグストゥス、ゲルマン人の征服者、ダキア人の征服者、最高神祇官、護民官職権16回、最高司令官歓呼6回、執政官6回、国父が、新しい橋を基礎から、彼自身の兵士たちによって彼自身の費用負担により、アフリカ属州のために建造させた」。

この建設事業は、議論の余地なく大変難しいもの

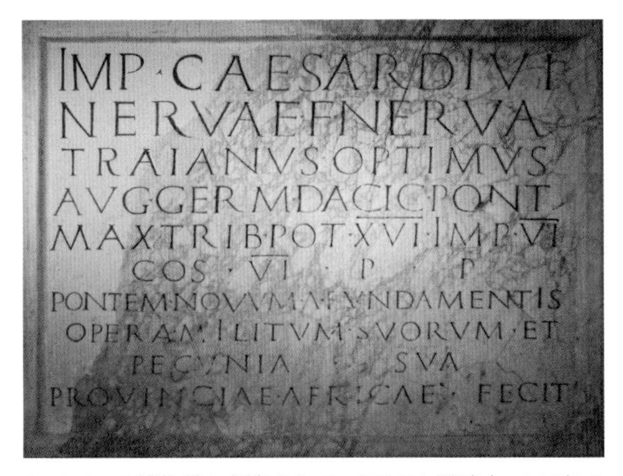

シャントゥの博物館に保存されているラテン語碑文。112年のトラヤヌス帝「自身の兵士たちによる彼自身の費用負担による」シャントゥ（シミットゥス）の2つ目の橋の建設を伝えている。（G・クーロン撮影）

で、大きな危険を伴うものだった。その理由は、メジェルダ川の曲がりくねった流れと不安定な地盤というだけではなく、毎秒1立方メートルから700立方メートル、豪雨の時には1000立方メートルにもなるという、あまりに不安定な流量ゆえだった。この土木事業に関わる2つの重要な点について、この碑文は何らの疑いを抱かせてはいない。まず、全体として、「その基礎から」、その設計においてもその建設においても、軍による事業であるということ。次いで、その作業がすべて皇帝の費用負担で、恐らく皇帝財産（パトリモニウム・カエサリス）で、賄われたことである。アフリカ・プロコンスラリス属州のこの地域は平定されてから長い時間が経っており、国境地帯からは遠く、紛争や反乱も免れていたが、帝政前期の間、軍隊はずっと存在していた。その存在は研究者を驚かせるものだった。というのも、彼らの活動として長い間知られていたのは、メジェルダ川に架かる橋の建設だけだったからである。しかし、1965年から1995年にかけて行われた、F・ラーコブとM・ハヌーシの指導によるドイツとチュニジアの合同発掘の結果、ヌミディア大理石の採掘における軍の支配的な役割が明らかになった。それについては、採石場や鉱山について取り上げた後の章で改めて見ることにしたい。いずれにせよ、橋の整備が第3アウグスタ軍団の技師や兵士たちによって行われたことは確かである[148]。短期的には恐らく、労働力の必要に応じて、当時北アフリカにいたことが分かっている補助部隊の分遣隊によっても、この作業は担われただろう。つまり、第2フラウィア・アフロルム、第2ハミオルム、第2ヒスパノルム、第2マウロルム、第2ゲメッラ・トラクムといった部隊である[149]。

現在目にすることのできるメジェルダ川に架かる橋の堂々たる遺跡は——まだ立っているものもあれば、川に倒れているものもある——トラヤヌス帝の橋の遺構ではなく、早くても3世紀末に建てられた橋の遺構である[150]。従って、合計では、この場所には続けて3つの橋が建てられたことになる。崩れ落ちてしまった最初の橋は、恐らくティベリウス帝の治世（14〜37年）に遡る。

［上］現在シャントゥで目にすることのできる石の橋の印象的な遺跡。トラヤヌス帝の橋が崩壊した後に建てられた3つ目の橋のものである。この場所に続けざまに建てられた3つの橋は、メジェルダ川の増水の激しさを物語っている。（G・クーロン撮影）

この古い橋の遺構は何も見つかっておらず、112年に造られたトラヤヌス帝の新しい橋に取って代わられた。この橋も崩壊して終わった。トラヤヌス帝の技師たちの失敗だったのだろうか? 確かにそうだが、彼らはここでは、定期的に訪れる恐るべき流量の襲撃に特徴づけられるワジ〔雨期にしか水の流れない川〕に対処せねばならなかったのだ! その上、3つ目の橋もまた、メジェルダ川の襲撃に耐えられなかった。しかし、この危険な場所に橋を維持したいという執念は、継続的な通行と皇帝権の永続性とを確実なものにしようという君主の意思を明白に示している[151]。

ヒスパニアの2つの石橋

カタルーニャ州バルセロナ県(スペイン)のマルトレイ[152]の橋に与えられた「悪魔の橋」という呼び名は、ある伝説に由来すると言われている。それによれば、悪魔は、主人の家から遠く離れた泉まで毎朝水を汲みに行かねばならなかった女中のために、これを建ててやったのだという。彼女は疲れ果て、こんな苦労を毎日する必要がなくなるように、魔王に魂を与える決意をしたのである。

リュブラガート川の上に架かるこの橋は、13世紀末に再建され、18世紀から1960年代に至るまでたびたび修復の対象となった。この橋は、最初はアウグストゥス治下、前16年か13年から前8年までの間の皇帝のヒスパニア滞在時に、建設されたものである。この橋のローマ時代の構造物で、現在まで残っているのはごく一部である。つまり、切石積み仕上げの大きな構造物の迫石、左岸の入り口部分を飾る門である[153]。この古代の橋を復元するのは難しいけれども、地形を考えるなら、この橋は3つのアーチからなり、橋床の幅は7メートルほど、最も西側の部分の一部が見えている負担軽減用の小さなアーチと同様、上部のアーチも保存されているという点で、研究者の意見は一致している。G・ファブル、M・メイヤー、I・ロダの記すところでは、「これらのアーチの工法やその存在は、アウグストゥス時代に同定される補完的な編年上の指標となるメリダの橋とのかかわりを彷彿とさせるものだ」という[154]。この構造物は、アウグスタ街道がリュブラガート川を越え、バルキノ(現バルセロナ)と、タッラコネンシス属州の都タッラコ(現タラゴナ)の間を結ぶことを可能にした。右岸西側の橋台上の切石積み仕上げの複数の石には、いくつかの碑文が刻まれている。その数は17に及び、次のような配分となっている。「LIV」が12回、「LVI」が3回、「LX」が2回である。その解釈に疑問の余地はない。この事業に関わった3つの軍団の派遣部隊の兵士たちによってつけられた建設作業員の印なのである。つまり、第4マケドニア軍団、第6ウィクトリクス軍団、第10ゲミナ軍団である[V]。これら3つの軍団がヒスパニアでの街道建設に関わっていたことは既に述べたとおりである。

もう少しタッラコネンシス属州に留まろう。ただし、今度はその北西部のアクアエ・フラウィアエ、現在のポルトガルのヴィラ・レアル近くのサヴェスである。この町では、ローマ時代の橋が観光名所の1つとなっている[155]。それぞれラテン語の碑文を伴った2つの石柱が、この橋の両側を飾っている。そのうちの1つはトラヤヌス治世——より正確に言えば103年と111年の間——に年代同定されている。この橋に関わるもので、住民の負担により石でこの橋が建設されたことを伝えている。ただし、本書の枠組みでは、もう1つの石柱の方が興味深い。実際、その文面は、この同じ場所に最初の橋が、79年、ウェスパシアヌス帝の治世に建設されたことを示している。最初の碑文からは新しい橋が石で造られたこ

とが分かるので、古い方は木製だったと考えられる。この碑文は、当時の支配者の名に加えて、その二人の息子たち、次いで属州総督ガイウス・カルペタヌス・ランティウス・クィリナリスの名と軍団司令官デキムス・コルネリウス・マエキアヌス、騎士身分の管理官ルキウス・アッルンティウス・マクシムスに言及している[156]。この碑文の続きは部分的に欠損しており、最近になって誤ったやり方で再刻された部分をP・ル・ルーが同定している。この続きの部分では、この建設事業の資金を拠出した10の都市を列挙している。第7ゲミナ軍団への言及は、タッラコネンシス属州北西部最初の、またもっとも重要な駐屯軍であるこの部隊が、この構造物の設計のための技師と建設のための労働力を提供したことを示している。

マルトレイとサヴェスにおける橋の建設は、純粋に技術的な軍の関わりに加えて、タッラコネンシス属州の経済体制に軍隊がしっかりと関与していたことを明らかにしている。このような地域開発への貢献は、総兵員数や純軍事的な活動が減少していたにもかかわらず、イベリア半島で軍隊が維持されていた理由を説明するものなのである[157]。

[上] ポルトガルのサヴェスのローマ時代の橋。橋の中央部の両側を、ラテン語の碑文を持つ2つの石柱が飾っている。(DR)

ドナウ川流域の鉄門における
トラヤヌス帝の大規模プログラム

前1世紀半ば以来、ローマはダキア王国の征服を思い描いていた。その軍事力が脅威とされていたからである。その計画は、前44年にカエサルが暗殺された後に放棄されたが、15年後、マケドニア属州総督だったマルクス・リキニウス・クラッススによって再開され、ローマの勝利により、国境はドナウ川に置かれた。新しい軍事作戦が行われるのは、ドミティアヌス帝治下の84年から89年のことである。ダキアの支配者デケバルスは和平を求めたが、その王国を属州化する代わりに、皇帝は彼をローマの同盟者にして友と認めた。トラヤヌス帝は、98年に権力の座に就いて以来、この和平合意を屈辱的なものとみなし、ダキアの脅威を全ての人にとって一度に終わらせてしまうために戦争の準備を進めた。作戦地域で陣営を建設したり補強したりし、港を拡張し、ドナウ川の上に張り出す道を整え、航路の川床を浚渫(しゅんせつ)した。この征服戦争に勝利するためには2度の遠征が必要だった。1度目は101年から102年にかけて、2度目は105年から106年にかけて行われたが、それら2度の遠征の間に、兵士たちはドナウ川にドロベタで巨大な橋を架けている。

本章では、これら地上及び河川上のインフラに関する3つの巨大構築物を取りあげる。すなわち、ドナウ川に設置された街道、川床で実施された浚渫、最後にドロベタの橋である。これらの大規模土木事業は小プリニウスを感嘆させ、次のような文章を残させている。「もし蛮族の王[もちろんデケバルスのことだ!]が、あなたの怒りと憤慨を招くほどの非礼と愚行を犯したのだとすれば、たとえ間にある海や巨大な川、険しい山によって彼が守られているとしても、あなたのお力ですべてが覆され場所を譲ることに気付くでしょう。山を崩し、川を干し上げ、海を割り、我らの艦隊ではなく、大地それ自体がもたらされることに気付くでしょう」[158]。

岩場に刻み込まれた街道

この事業の例外的な特徴をよく理解できるように、鉄門について少々説明しておこう。この場所では、ドナウ川は、北のルーマニアと南のセルビアを分ける、切り立った岩場の続く景勝地となっている。この峡谷は130キロメートルほどあり、川幅は2キロメートルから、最も狭い場所では150メートルまで変化する。切り立った河岸は南カルパティア山脈に連なり、300メートル以上の高さから水を見下ろしている。現在では、1963年から1972年にかけてルーマニアとユーゴスラヴィアによって建設された巨大なダム——ジェルダップの水力発電施設——が川をせき止めており、環境は激変してしまった。このダムが建設されるよりずっと前、1885年には、フランス人のジャーナリストで作家だったC・ビゴが鉄門の峡谷への旅行記を著している。「丘と山々の連なりが、まるで巨大な群れのごとく、あらゆる方向から雑然と投げ込まれていた。大量の水がその流路の上でこれら巨大な障壁にぶつかり、障害物をかき回し、その隙間を蛇行していく様を思い描いてほしい。いくらか柔ら

カザネス地区の鉄門。「その傍らにあっては人の力など卑小であるような、そんな力を前にしていることに気づかされる」(C・ビゴ、1885年)。(A・アルデ撮影)

かい岩場を横切って、一本の道が力づくで切り開かれている。これこそ我らに供された世界で唯一の眺めであり、素晴らしくかつ恐るべきものだ。その傍らにあっては人の力など卑小であるような力を前にしていることに、そして、自分の身を守ることもできないという恐怖のない交ぜになった感嘆の念とともに、敬虔さという何だか分からないものが存在することに、気づかされるのだ」[159]。その流れを5つの瀑布が区切っていることも付け加えるなら、ドナウ川のこの目も眩むほどの峡谷の荒々しさとローマ時代にも存在していたに違いないより一層荒々しい一面を想像できるだろう。

1世紀初頭以来、ドナウ川右岸の切り立った岩場を

[前ページ見開き]ドナウ川の鉄門地域で、軍隊が、一部は岩を切り込む形で、また別の部分は木の骨組みで支える形で、街道を建設している印象的な工事現場の様子。

[上]この古い写真では、ローマ軍兵士によって岩場を切り込んで造られた街道を識別できる。同じく、木の骨組みを支える梁を固定するための窪みも分かる。ジェルダップの水力発電施設の運用が1972年に開始されて以降、この街道の人目をひく区間はもはや見ることができなくなった。(E・ニコラエ提供)

切り込んで街道が造られていた[160]。その幅は5から7ペース、つまり1.5メートルから2.1メートルを超えることはなかった。軍の技術者たちは、最も狭い区間では、水の上に張り出すような形で岩場に木の骨組みを差し込んで街道を拡幅した。その場所では、いずれにせよ、合計の幅が2.4メートルから3メートルを超えることはなかった。時に岩場を穿つことすら不可能な場合もあり、その時は、全体が岩壁に固定され、持ち送りで支えられた足場を技師たちは考案せねばならなかった。岩場に直接刻まれた3つのラテン語の碑文は、これらの事業がティベリウス帝治下の33年から34年に遡り、第3スキュティカ軍団によって行われたこと、次いでクラウディウス帝治下の43年頃、マケドニア軍団の協力の下、この同じ軍団によって行われたこと、を伝えている。3つ目の碑文はドミティアヌス帝治下の93年頃に刻まれた。岩場にある別の碑文はヘラクレスに捧げられたもので、第4フラウィア軍団と第7クラウディア軍団出身の石工(ラピダリイ)の誓約に言及している。彼らが岩壁の掘削と街道の拡幅に参加していたことは確実だろう。百人隊長や軍団兵たちの果敢な執拗さにもかかわらず、この「膨大な努力と犠牲者を要した巨大事業」は[161]、トラヤヌスが皇帝となるまで完成しなかった。鉄門の両端につながるよう全体にわたって街道が修復され切り開かれたのは、トラヤヌス帝の最初の軍事遠征の準備段階においてのことである。この出来事は、恐らく100年に、街道の上の岩に直接刻まれた横3.2メートル、高さ1.8メートルの記念碑的な碑文によって記録された。これが有名な「トラヤヌス帝のタブラ(タブラ・トラヤナ)」であり[162]、その文面は以下のとおりである。

「インペラトル・カエサル・ネルウァ・トラヤヌス・アウグストゥス、神君ネルウァの息子、ゲルマン人の征服者、大神祇官、護民官職権4回、国父、執政官3回が、山々を切り開き、支えとなる梁を設置して、街道を建設した」。

[上]トラヤヌス帝のタブラ。(E・ニコラエ提供)

瀑布を迂回するための航路

1969年、ドナウ川右岸の、ジェルダップ(セルビア)の水力発電施設建設のための地盤の準備工事において、偶然、巨大な長方形の大理石でできた舗装用敷石が日の目を見た。この石板は2.10メートル×0.96メートル×0.20メートルの大きさで、その表面には大変保存状態の良いラテン語の碑文が刻まれていた。その碑文は以下の通りである[163]。「インペラトル・カエサル・ネルウァ・トラヤヌス・アウグストゥス、神君ネルウァの息子、ゲルマン人の征服者、最高神祇官、護民官職権5回、国父、執政官4回が、諸々の瀑布の危険から川を迂回させ、ドナウ川の航路を安全なものとした」。

岩場に掘られた街道の完成を記念するトラヤヌス帝のタブラと同じく、このもう1つのタブラは——執政官の回数と護民官職権の回数が示すとおり——もう少し遅い101年に、迂回路の工事完了を記念しトラヤヌス帝の事業を顕彰するために刻まれたものである。後で触れる出土遺物の状況から、迂回用の運河が整備されたことは分かっていたが、この美麗な碑文はその議論の余地のない手法を伝えている[164]。鉄門の峡谷に船

を通そうとするなら、このような事業の完成が不可欠だったことは明らかである。実際、川床は、時に水の下にあるため目にすることもできないような岩で覆われ、急流や瀑布、滝や渦巻で分割されていた。そのため、この碑文の文面は、トラヤヌス帝の時代まで、ドナウ川のこの区間では河川輸送が不可能だったことを思わせる。

19世紀末には、ドナウ川の右岸、現代のシップ運河のすぐそばで、高さ14メートル、最大で長さ75メートルほどの大きな2つの堤防を目にすることができた。当時行われた調査によれば、瀑布を迂回するためにローマ軍兵士によって掘られた迂回路の長さは3.220キロメートルにも及んだものと思われる[165]。現在でもいくつかの遺構が残っているとはいえ、後にこの地域で実現された〔ダム建設という〕巨大事業による環境の激変の結果、古代の運河についてこれ以上知ることはできない。6世紀まで使われ、確かに軍事目的ではあったものの、商船も頻繁に行き交っていたのである。

このような人を寄せ付けないような場所で、とりわけ精緻な水利調査に基づき、この複合的な施設が兵士たちによって完成されたことは確かである。P・ペトロヴィッチは、すぐそばに駐屯していた第7クラウディア軍団の部隊が関わっていたと想定している[166]。しかし、トラヤヌス帝が何十万もの——あるいは15万の——人員を作戦地域に動員していたことを踏まえるなら[167]、労働力の問題は明らかに大した問題ではなかったのである！

［上］この美麗なラテン語の碑文は1969年に偶然発見されたもので、クラドヴォ（セルビア）のジェルダップ考古学博物館に所蔵されている。ローマ軍によりドナウ川に整備された迂回路の完成を記念して、101年に刻まれたものである。（V・ペトロヴィッチ提供）

［次ページ］トラヤヌス帝の橋全体の復元図からは、幅1キロメートル以上の川を軍隊が渡ることを可能にするために実現された、この偉業の重要性を評価することができる。トラヤヌス記念柱の浅浮彫りの分析からは、橋の前に陣営が築かれていたこと、それによって建設開始以来現場が守られていたことが分かる。手前にはドロベタの陣営が見え、後方にはポンテスの陣営がある。その向こうには運河（ドナウ川の古い支流）があり、そのおかげで、橋脚の建設に必要な仮の締め切りダムが造りやすくなるよう、川の水量を減らすことができただろう。

ドロベタの橋：並外れた技術的偉業

「トラヤヌスは石の橋をイストロス川[168]に架けた。それについて、私は彼をどう称えれば良いのだろうか。この皇帝には他にも偉大な建築があるとはいえ、これはそれらを凌駕するものなのだ」。トラヤヌス帝によって102年から104年の間にドナウ川に建設された橋に関するカッシウス・ディオの熱狂的な発言は、こんな感じである[169]。実際、この構造物はその巨大さによって強い印象を与えている。その大きさは前例のないもので、長さは、進入用の斜路も含めれば1.135キロメートルに及ぶ。水面からの高さは平均で14メートル、石製の20の橋脚からなり、それが木製のアーチを支えていた。橋脚の軸線と軸線の間の距離は50メートルに達した。これらの橋脚が、双方向への通行を可能にする幅12メートルの橋床を支える。木製の2つの欄干が橋に沿って伸び、モニュメンタルな門が両端部を画していた[170]。

カエサレアのプロコピオスを信じるなら、トラヤヌス帝は「活力に満ち行動的であったので、自身の王国に限界があり、イストロス川によって画されているということに憤りを覚えていた。彼は、川を渡って対岸の蛮族を攻撃するのに支障がなくなるように、そこに橋を架けることを望んだ」という[171]。従って、この橋は、技術的偉業やローマ人の全能性をこの地域の人々に見せつけるためだけではなく、より広く、普遍的とまでは言えないにしても、ローマ化への道を開く象徴でもあったのである。カッシウス・ディオもまた、この事業は「トラヤヌス帝の偉大さを示すものの1つだ」と結論付けている[172]。

建設場所は入念に選定された。地形を考慮すれば、峡谷の中では恒常的な橋の建設が不可能であることは明らかだった。技師たちは、下流側、峡谷の出口で、左岸のドロベタ（現ドロベタ＝トゥルヌ・セヴェリン、ルーマニア）と、その対面、右岸のポンテス（現コストル、セルビア）を選んだ。川幅はおよそ1.10キロメートルに及んだにせよ、両岸の石灰石の台地は水面からは平均で15メートルほどの高さしかなかった。深さはそれほどでもない。つまり、南岸近くでは4メートル、北岸でも8メートルである。後に建設現場となるこの場所は近付きやすく、流量の変化もそれほど大きくはなく、鉄門の中に比べれば流れも穏やかだった。そのため、ドロベタとポンテスの間で、技師たちの効率的な支点となるように、ドナウ川の川床は中洲や砂の堆積層で塞がれた。しかしながらカッシウス・ディオは、明らかに建設者たちの偉業をさらに高く評価するために、この類の事業を実現するにはとりわけ難しい条件の場所だったと述べている。つまり「水流には渦が生じ」「泥のような土で」「流れが速く深い大きな川」だったというのである。

カエサレアのプロコピオスによれば[173]、トラヤヌス帝はこの橋の実現を建築家ダマスクスのアポロドロスに委ねた。彼は、水準測量技師や石工、技術者や専門家の一団の助けを受けて——街道や運河の建設現場ですでに働いていた者たちもいたはずだ——現場監督として、この巨大な建設現場の設計を確実に行い、あらゆる構成要素とこの場所の制約条件の分析を進めることができた。最終的には、複雑かつ非常に正確な計算に基づき、この事業の詳細な設計の提案が彼に課されたのである[174]。

その労働力に関しては、運河の開削に関して既に述べたとおりである。軍団兵、補助部隊の兵士、近衛兵、艦隊兵士に加えて、場合によっては現地に留められていた第一次遠征時の捕虜も含まれていただろう。M・ポペスクによれば[175]、「工事現場は川の両岸に設けられた。北側では、兵士たちは、橋の上流2キロメートルのシェラ・クラドヴェイにある陣営を拠点として利用した。この陣営は、およそ37.5ヘクタールもの広さがあった。[…]恐らくは製造工場だったレンガ製の遺構や、19世紀末にはまだ目にすることの出来た貯水槽へと続く地下の水道もあった。[…]右岸では、兵士たちはポンテスの陣営の建設に忙しかったが、より一層重要なことに、橋脚を建てるための準備も始まっていた」。

ダマスクスのアポロドロスは、おそらく、水の減る季節、つまり102年の夏の終わりにこの作業を開始させたことだろう。分水路のおかげで川の水位はより一層下がっており、恐らく、いくつかの橋脚は乾いた状態で建設できた。しかし、とりわけ南側の現場では、橋脚の建設現場を乾燥させておくために締め切り用の堤が造られた。「ナラで作られた材木が、船に設置された滑車の作用で動く『羊』〔=衝撃弾〕を用いて川床に打ち込まれた」とM・ポペスクは述べている[176]。これらの板は、垂直に打ち込まれてロープで固定され、型枠の防水を確実なものとするために表面を粘土で仕上げられた。排水するのを待って、型枠状の構造物が乾燥すると、石工(ストルクトレス)が橋脚を建設し始める。同時に――仕事の協力は不可欠だ――兵士たちは鉄門周辺の森に入り込み、ナラの木を伐って材木を用意し、工事現場までの

(97ページに続く)

ドナウ川に架けられた巨大な橋の建設現場の復元

トラヤヌス記念柱の浅浮彫りは、ドナウ川に架けられた大きな橋の主たる特徴を精確に示している。

前面では、旅姿の皇帝がこの重要建造物の落成式を祝っている。彼は祭壇に献酒を行っている。彼の面前では、神官が犠牲として捧げる牛を連れている。トラヤヌス帝の近くに配された人物は、恐らくダマスクスのアポロドロスであろう。右手には、都市や、石でできたドロベタ(左岸)の要塞、円形闘技場が表現されている。左手には、ポンテス(右

橋とその両端部に位置する要塞を表現したトラヤヌス記念柱の浅浮彫りの描き起こし図。

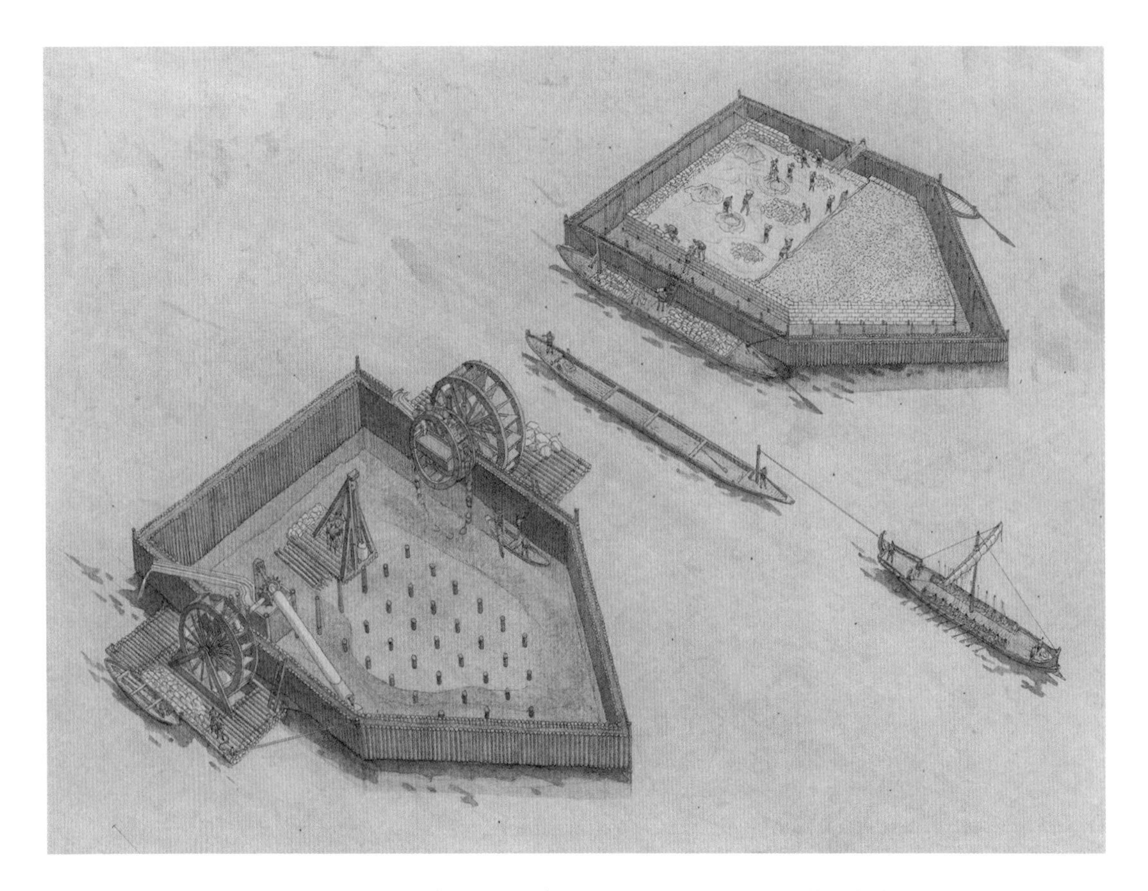

岸)の要塞が見え、その前にはトラヤヌス帝に対面を許されるのを待っている諸部族の代表団がいる。この画像の制約から、実際には20ほどあった橋の柱間は、ここでは5つしか表現されていない。石でできた橋脚(部分的に残存しているものもある)と木でできたアーチ部分が確認できる。橋の両端部には、モニュメンタルな門も見られる。ここに表現されている波は、川の流れの強さを示している。

古代ローマの建設技術についての知識から、この橋の建設段階を復元することも可能だ。

まずは、橋脚を敷設するために、巨大な仮の締め切り用の堤が造られた。その胸壁は(先端部には鉄を付けた)木製の杭からなり、それらの隙間は分厚い粘土の層で覆われた。排水用バケツを付けた滑車やアルキメデスの螺旋〔アルキメデスが考案したとされるポンプの一種〕を備えた機器を川に浮かべ、川の流れで水車を動かしてそれらの装置を稼働させて、堤内の水を排出した。その基礎を固めるために、水の中でも使えるポッツォーリ産コンクリートを利用することもできた。

次に、トラヤヌス記念柱で何度も表されているように、人が背負って運べる程度の小さなサイズの石塊(切石のようなもの)で、〔橋脚の〕表面の石の層が造られた。この技術のおかげで、現場では単なる積み上げ作業となり、素早く

[上] 最初に、橋脚を建設するために用意された堤の中から、水の流れる力を利用したアルキメデスの螺旋を備えた機器で水が排出された。次いで、石の橋脚が建設中である。

[次ページ] ドナウ川の橋の木製アーチ部分の建設現場の復元図。アーチの建設は、橋脚から進んだ。後方には工場や、加工された材木を収める倉庫が見える。

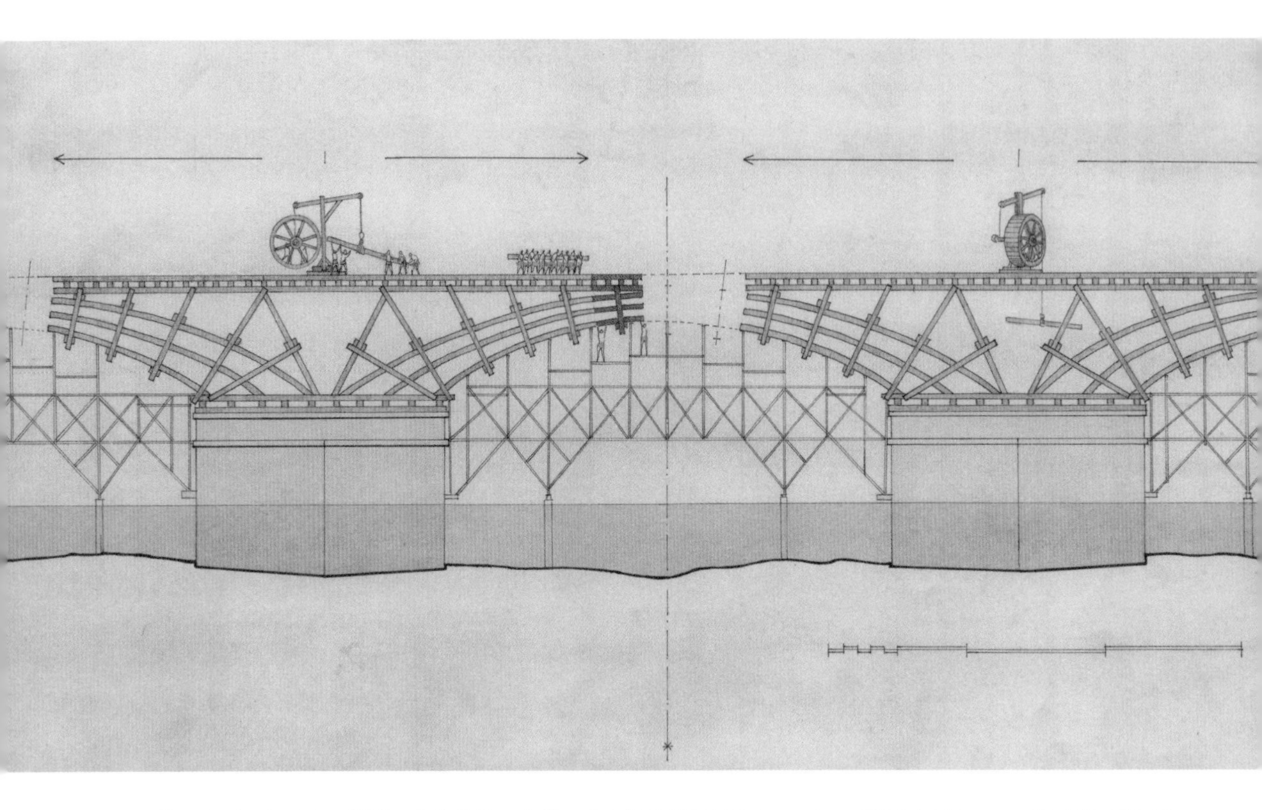

進めることができた。橋脚の中心部分は非常に小さな石塊を石灰のモルタルで固めた層と、レンガの層とで造られた。物資運搬用の平底船が、櫂や帆で動く牽引用の船に引かれて、空荷で川を遡っている。

橋脚が一度完全に出来上がったら、仮の堤は撤去され、その杭は新たな作業用に再利用された。

現場での次の段階は、木製のアーチ部分の建設に必要な足場の設置である。

アーチを完成させるための最善の技術的解決法は、橋脚の上に三角形に造られた構造部から始めることだろう。部材は船で届けられ、クレーンで持ち上げられたのかもしれない。もし部材を合わせ梁にできるなら、つまり、並べた木材をずらして結び付けられるなら、建築部材を中空に延伸していくこともできただろう。人が高所で作業することを可能にするような足場を組むことで、部材の位置の調整やそれらの固定も可能になった。足場の縦材の高さが、最も低いアーチの部材の場所を精確に示している。連続する2つのアーチは同じ方法で造られ、放射状の部材が最初に設置された。これらの部材は、水平の梁を伸ばして、まずは下側で、次いで上側で固定された。すべての部品は釘でとめられる。この構造は空いている上の方へ徐々に進んで行った。

作業は双方の橋脚から同じ速さで進んだ。こうして、筋交いで補強された構造は自ら支えることができ、きわめてバランスも良く、足場に支えられることもなかった。

すべての部材は事前に成形され、厳格に定められた工程に従って構造物上で組み合わされた。ある工期に造られたのは、柱間のいくつか(3つか4つ)だけだったというのはありそうなことである。それから、離れた場所で再度組み立てるために、足場が撤去された。この巨大な作業がわずか3年で完了したのは、恐らく、このような作業の繰り返しという原則と部材の事前成形のおかげだった。

[上]木製のアーチ部分の建設現場の進行方法の復元。トラヤヌス記念柱に表されたドナウ川の橋の構造の分析に基づく。

輸送路を確保する。石材については、シェラ・クラドヴェイからドロベタ=トゥルヌ・セヴェリンまでの間の採石場や、ドロベタの上流のグラ・ヴァイイの採石場で採取された。完成した橋は、ローマのトラヤヌス記念柱の上に表現された。その場面には、橋の落成式で犠牲を捧げる皇帝の姿も示されている。見下ろすような形に処理されていて、その一部しか見られないけれども、この建物に不可欠な要素は示されている。すなわち、モニュメンタルな出入り口の門、橋脚――波でその流れを表現された川に5つの橋脚がそびえている――、木製の大きな柱間アーチ部分、橋床、十字型の透かしのついた路面を縁取る2つの欄干、である。左手後方には、橋への南側からの経路を扼するポンテスの陣営が、テントや兵舎のバラックで示されているのが見える。右手には、円形闘技場や建物、柱廊の外にドロベタの陣営が見られる。

トラヤヌス帝の命令で建設されたこの橋は、その巨大さと用いられた技術の巧みさによって、同時代人の想像力を刺激した。104年、その落成の年に発行された貨幣では、その裏面に、船の航行する水流の上に架かる橋の図が――アーチ1つだけに縮小されているけれども――用いられている。この橋は、トラヤヌス帝の貨幣に表現された唯一の属州の建築物であり、皇帝はそれほどまでにこの事業を自慢に思っていたのである。ずっと後になって18世紀には、1745年から1765年までのドイツの神聖ローマ帝国皇帝フランツ1世が、この建造物に感銘を受け、その建設に用いられた基礎杭の1つをドナウ川から引き上げさせた。

ここで述べてきた3つの土木事業の中で最も魅惑的なのがこの橋であることに議論の余地はない。ローマの圧倒的な優位性のシンボルだったこの並外れた建造物は、ダキア人の想像力を刺激しただけでなく、水と岩とを自らの意思に服従させた皇帝の支配を象徴的に示すものだった。小プリニウスが、友人の一人で、ダキア戦争についての作品を著そうとしていた詩人に対して「誠に素晴らしい考えです。今日これほど要望の多い、これほど内容の豊かな、これほど広範囲にわたる史料が他にありましょうか。要するに、これほど叙事詩に相応しく、そして現実に起こったにも拘らず、これほど物語めいた題材が他に見られましょうか。それは土地を掘って水を引いた新しい川、諸河川に架けられた新しい橋〔中略〕などを歌うことでしょう」と書き送ったとき[177]、シップの運河や、とりわけ、有名なドロベタの橋のことを仄めかしているとは思われないだろうか?

[右上]トラヤヌスの橋の橋脚の1つの中心部の遺構。(G・デペイロ撮影)

鉱山や採石場における軍隊の存在

古代において、露天であれ地底であれ、採掘現場以上に苦痛に満ちた場所はなかった。プラウトゥスは、その喜劇『捕虜』の中で、採石場送りにされた奴隷を登場させている。「これまでおれは地獄でどんな責め苦が行われるのかを描いた絵を何度もいろいろ見てきたが、どんな地獄もおれがいた石切場ほどのことはない。あの石切場は本当に体の疲れを働くことによって取らなきゃならない所だ」[178]。他方、シチリアのディオドロスは、エジプトの金鉱で働く「あまりにひどい懲罰ゆえに、絶えず今より将来の方がもっと恐ろしいと思い、生きているより死の方が願わしいと死を待ち望む」囚人や捕虜、子供や老人について伝えている[179]。鉱山や採石場への流刑（ダムナティ・アド・メタッラ）という哀れな身の上が古代の作家たちにおいてありふれたものだったように見えるとしても、その条件の過酷さは確かな現実であり、まさに非人道的な存在だったのである。

それでは、帝国各地の現場で兵士たちの存在が確認されるかぎりにおいて、とりわけ鉱山においては、彼らの役割は何であり、彼らの存在が示すものはどのような性格だったのだろうか。

抗夫として雇われた兵士たち：例外！

1世紀半ば、クラウディウス帝の治下に、上ゲルマニア属州総督クルティウス・ルフスは、凱旋将軍顕彰を受けとった。マッティウムの地で[180]、地下の銀鉱を開き採掘させたからだ、とタキトゥスは伝えている[181]。確かに、その産出量はわずかで期間も短かったが、「しかし軍団兵には破滅的な重労働であった。排水溝を掘ったり、その他に地上でも困難と思える仕事を、地底でおこなった」。

ここで強調しておくべきことは、ローマ軍兵士が鉱山の採掘に、その整備や日常的な開発に直接関与したことを示す、これが唯一の文献史料だということである。この危険な重労働は、確かに困難なものだった。軍団兵も時に命を失っている。立て坑や坑道を掘り進め、木製の枠で壁面を支え、毎日鉱山の奥深くまで下りていき、鶴嘴で鉱石と格闘し、時には火を燃やしてから冷水や酢をふりかけて岩を割らねばならない[182]。ほとんど真っ暗な中で残土を排出し、ケーブルや巻き上げ機、歯車の付いた滑車を使って鉱石を表層まで持ち上げる。落盤の危険性や焼けるような暑さ、不完全な換気も付け加えるべきかもしれない。

考古学からは、抗夫として雇われた恐らく別種の軍団兵の存在も明らかとなっている。イギリスのサマセット、ブリストルやバースといった町の南西にあるメンディップ・ヒルズでは、鉛の鉱山が開発された。この鉱脈から算出されたインゴットには、ネロ帝と第2アウグスタ軍団の検印があった[183]。近隣のイスカ・シルルム（カーリーアンの砦）に駐屯していたこの部隊の兵士たちは、採掘作業のための労働力として利用されたのだろうか？ そう推測することもできるが、それを確証するものは何もない。

結局のところ、タキトゥスの言及は例外的なものであり、サマセットの軍団兵の分遣隊による鉱山での採掘も不確実であることを踏まえるなら、立て坑の掘削や坑道の開削、鉱石の採掘のために、軍の労働力が用いられることは、全くもって例外的な方法でしかなかったのである。従って、もし、これらの採掘作業があまりに苛酷で、満足感を与えることがあまりに少なく、兵士たちの尊厳を損ないかねないものと判断されていたとするなら——これら報われることのない労働は、通常、奴隷や囚人、捕虜に割り当てられた——、鉱山地帯の風景における軍の存在はどうやって正当化されるのであろうか？

ヒスパニアの金鉱における多彩な役割

スペイン北西部、タッラコネンシス属州内にあった金の鉱脈は、古代には有名だった。その観察に熱をあげた大プリニウスは、次のように記している。「アストゥリアとガリシア、そしてルシタニアは毎年2万ポンドの金を産出するという人もいる。もっとも産出量が多いのはアストゥリアで、何世紀にもわたってこれほどの産出量が続いている地域は他にない」[184]。その金の名声と豊富さは、多くのラテン語の著述家によって強調されている。そのうちの一人マルティアリスは、「ガルラエキーの地(くに)〔≒ガリシア〕の黄金を被(き)せた品々」や「黄金産するアストリアの民の地(くに)」に言及している[185]。ローマ支配が始まるよりも前の時代から既に開発されていたが、前19年、アウグストゥスがイベリア半島全体を征服して以降、その開発は急速かつ目を見張るほどの飛躍を遂げた。それ以降、鉱山は公共の財産とされ、皇帝権によって直接管理された。その開発が絶頂に達したのは、アントニヌス朝時代、96年から192年までの間である[186]。

12点の碑文史料が、この北西部の鉱山地帯における軍の分遣隊の存在を証言している。それらが示すところによれば、兵士たちは、レオン近隣に駐屯する第7ゲミナ・フェリックス軍団と、第1ケルティベロルム及び第1ガッリカ・エクイタタ補助部隊に属していた。ビリャリス出土の碑文に基づいて、P・ル・ルーは、この鉱山地帯、つまりドゥエルナ川流域とテレノ山の西側斜面で、163年に200人の人員が活動していたと推定している。この兵士の数は、厳密に鉱山の開発のためと考えるなら不十分なことは明らかである[187]。

そのため、もし〔イベリア半島〕北西部の鉱山地区に兵士たちが存在していたのだとすれば、それは多様な任務を果たすためだったのである。まずは監視業務である。兵士たちは、現場で働く先住民の監視——例えば現場に彼らを留まらせるといったものだ——もだが、むしろ金を運ぶ輸送団を襲撃してくるかもしれない盗賊団(ラトロネス)に対処するために活動していたのである。別の任務を果たす一団もいた。鉱山地帯の管理や行政に責任を負う管理官や皇帝の役人と連携して、とりわけ皇帝の発行する貨幣に用いられることになっていた、この貴重な金属の生産を厳しく管理することである。労働者や鉱産物の輸送業務の組織化のために働く兵士たちもいたことだろう。結局のところ、軍隊は技師や専門家を擁していたので、調査や場所の選定、立て坑や坑道の掘削には参加した。その後、鉱山が操業を開始すると、収益性を高めるのに相応しい開発環境を提供すべきものとされた。さらに、空気を定期的に循環させることによって良い空気を保つことは、専門家の責務であった。滲み出てくる水の排出も、その鉱山の大きさや深さに応じて、排水用の水平坑道を掘ったり[188]、水汲み水車やアルキメデスの螺旋、ポンプを用いたりして行われたが、これらの装置の開発や維持についても軍の技術者たちが抜きんでた力を持っていたのである。

[次ページ]ワジ・ハンママトにあるエル・ファワキル(エジプト東部の砂漠)。ファラオの時代以来開発されてきた鉱山に付随した村落の復元図。

[次々ページ見開き]ケルン(ドイツ)、コロニア・クラウディア・アラ・アグリッピネンシウム。下ゲルマニア属州の州都でライン川流域の一大商業拠点だったこの町の建設と拡張のために、莫大な量の石材が運び込まれた。

ガリア北東部の採石場の兵士たち

モーゼル川とライン川の流域地方は、利用するのに適した石材がとくに豊富な地域であり、ローマ人の到来とともに数多くの採石場が開かれた。石の切断面や帝国の北東[vi]の国境地帯で発見された祭壇に刻まれたラテン語の碑文からは、これらの採石場に本隊から派遣された兵士たちが存在していたことが分かる。これらの兵士たちの任務は、クサンテン(コロニア・ウルピア・トラヤナ)、ケルン(コロニア・クラウディア・アラ・アグリッピネンシウム)、ボン(ボンナ)、コブレンツ(コンフルエンテス)、マインツ(モゴンティアクム)、トリーア(アウグスタ・トレウェロルム)といった拠点都市の野心的なプロジェクトの結果として生まれた軍や民間の作業場に物資を供給することだった。2つの碑文が、これらの文面の保持者の思いを示している。1つはノロワ・レ・ポン・ア・ムッソン(ムルト・エ・モーゼル県)で、もう1つはブロールの谷の凝灰岩の採石場(ドイツ)で発見されたものである。

「ヘルクレス・サクサヌス神に。第21ラパクス軍団の分遣隊とその補助軍で5つの部隊の兵士たちが、第21軍団の百人隊長ルキウス・ポンペイウス・セクンドゥスの指揮の下、自ら進んで相応しい形で、誓いを果たした」[189]。

「ヘルクレス・サクサヌス神に。第1ミネルウィア・ピア・フィデリス軍団と第6ウィクトリクス・ピア・フィデリス軍団、第10ゲミナ・ピア・フィデリス軍団の分遣隊及び補助騎兵部隊、補助部隊、艦隊の兵士たちが、クィントゥス・アクティウスの指揮の下に。第6ウィクトリクス・ピア・フィデリス軍団の百人隊長マルクス・ユリウス・コッスティウスの配慮により」[190]。

その多くが奉納碑文である他の碑文も軍の部隊名に言及している。第1ミネルウィア軍団、第8アウグスタ軍団、第14ゲミナ・マルティア・ウィクトリクス軍団、第15軍団、第16軍団、第22プリミゲニア・ピア・フィデリス軍団、第30ウルピア・ウィクトリクス軍団といった諸軍団の分遣隊のほか、第2アストゥリア・ピア・フィデリス・ドミティアナ補助部隊、第2ウァルキアニ補助部隊、ゲルマニア・ピア・フィデリス艦隊といった部隊の分遣隊である。これらの部隊の数や多様さは、建設活動の重要性とローマ帝国におけるガリア北東部の戦略的位置づけとを物語っている。これらの採石場の大規模な開発は後1世紀半ばに始まり、2世紀から3世紀初頭にかけて大きく飛躍した。装飾用彫刻の作成といった特別な目的を除けば、軍は地域の資源や近隣の露天掘りの採石場を優先的に用いた。ドイツ・ラインラント地方のバート・デュルクハイムにあるクリムヒルデンシュトゥールもその例に漏れない。明るい多色の砂岩を産するこの人目を引く採石場は、第2次世界大戦直前に発掘されたもので、とりわけ、北に50キロメートルほど離れたマインツ(モゴンティアクム)にある用途不明の巨大建

[前ページ見開き]クリムヒルデンシュトゥール(ラインラントのバート・デュルクハイム付近)の砂岩の採石場の活動の復元図。この採石場は、ライン川の左岸から20キロメートルほどの森に覆われた山の頂上部に位置している。その壁面には、第22プリミゲニア・ピア・フィデリス軍団の存在を示す碑文やグラフィティが残っている。(A.トイフェルに着想を得た水彩による復元図。M. Reddé, *L'Architecture de la Gaule romaine, les fortifications militaires, Daf,* 100, 2007, p.72参照)

[次々ページ見開き]シミットゥス(現シャントゥ、チュニジア)の町全体の復元図。町の横にそびえる「アフリカ産」あるいは「ヌミディア産」と呼ばれる大理石の山、水道と、メジェルダ川を越える橋が分かる。後方には、平原に労働キャンプが見える。

造物を建てるために活用された。この採石場の前面には開発の痕跡が数多く残っているほか、3世紀初頭の第22プリミゲニア・ピア・フィデリス軍団の兵士たちによる活用を示す碑文も残されている。近隣で石材が不足した場合には、石を長距離輸送する必要もあった。その場合には、より簡単に運ぶことのできる水路での輸送が優先された。ライン川やその支流を使っての輸送を担ったのは、ケルンを拠点とするゲルマニア艦隊（クラッシス・ゲルマニカ）だっただろう[191]。ボンで発見された160年の碑文は、クサンテンの公共広場の工事現場用の石材の輸送について証言している。

「インペラトル・アントニヌス・アウグストゥス、国父、の安寧のために、ゲルマニア・ピア・フィデリス艦隊の分遣隊の兵士たちが、属州総督クラウディウス・ユリアヌスの命令で、三段櫂船船長ガイウス・スニキウス・ファウストゥスの配慮の下、ウルピア・トラヤナ植民市の公共広場に石材を運んだので、ブラドゥアとウァルスが執政官の年に、自ら進んで相応しい形で、誓いを果たした」[192]。

兵士たちの職務は多岐に渡っていたことが分かる。というのも、彼らの仕事には、採石候補地の選定、その開設、露天あるいは地底での採掘、最終的には、水路あるいは陸路を用いた石の輸送業務までもが含まれていたからである。これらの使命すべてが兵士たちだけに課せられていたのだろうか？ その開発の諸段階において、彼らの正確な役割は何だったのだろうか？ 彼らは開発にいつも直接関わっていたのか、あるいは時々採石場を監督したに過ぎないのだろうか？ このような疑問に十分に答えられるだけの材料はそろっていない[193]。

シャントゥの大理石採石場と労働キャンプ

現在のチュニジアとアルジェリアの国境近くにあるシャントゥ（シミットゥス）の繁栄は、ヌミディア大理石（マルモル・ヌミディクム）の採石場のおかげだった。この高級石材は、明るい黄色から赤みがかった暗い黄色に至るまで、エジプト産の皇帝の紫色の斑岩に次いでもっとも高価な石材の1つだった。詩人のスタティウスは、この町を睥睨（へいげい）する大理石の丘について述べるとき、「この地ではヌミディアの黄金のごとき岩が光り輝く」と歌っている[vii]。この貴重な石は高く評価され、ローマ市や地中海世界各地に輸出された。また、3世紀末に至るまで、数多くの採石場が集中的に開発された。この巨大な採石拠点は皇帝財産（パトリモニウム・カエサリス）とされ、ヌミディア大理石管理官（プロクラトル・マルモルム・ヌミディコルム）に率いられた組織が管理していた。その命令の下で、帝室解放奴隷や帝室奴隷が様々な管理業務に従事していた。専門の石切工や石の加工職人が石塊を切り出すと、特別な資格のない労働者や、一般的には強制労働を科された受刑者（ダムナティ・アド・メタッラ）——彼らには最も過酷な業務が課された——によって運び出された。これらの強制労働受刑者は、牽引用の駄獣と同様に、大理石の丘を挟んで町とは反対側にあった2ヘクタールほどのキャンプで暮していた[194]。彼らは奴隷と共に、建物の中央部、6列ある区画（エルガストゥルム）に住んでいた。全体では、管理業務従事者を収容する2つの建物や兵士たちに属する詰所（プラエシディウム）も含まれていた。これら両翼の角部分の壁は、軍の建物の典型的な特徴である、丸みを帯びた形となっている[195]。この巨大なキャンプは、同じ空間内に、刑務所機能のほか、皇帝財産管理のための事務的および軍事的な機能も収容していた。例外的に実現したものであったことは間違いなく、建設場所についても内部の配置についても同様に、軍の技術者や建築家によって緻密に計画されたものだった。軍団兵や補助部

（112ページに続く）

隊の兵士たちは、恐らく採掘作業に直接参加していたと思われるが、その主たる使命は、秩序を維持することや労働者を監視すること、その他、別の採石場でなされていたような職務であった。シャントゥで発見された数多くの兵士たちの墓碑からは、その監督業務を担っていた部隊を同定することができる。それらの墓碑の1つは、次のようなものだ。「死者の霊への捧げもの。ルキウス・ウェニディウス・レポストゥス、第3アウグスタ軍団兵士、アントニウス・クレメンスの百人隊所属の兵士は、45年生きた。この地に埋葬された」。

ウェニディウスという名が示すように、この軍団兵は恐らくイタリア出身で、2世紀半ば頃に亡くなった。現在の史料状況では、第3アウグスタ軍団の分遣隊に所属していた人物の他に、シャントゥで第2フラウィア補助騎兵隊に属していた人物がいたことも分かっている[196]。これら現役の兵士たちに、退役兵も加えておくべきだろう。例えば、かつての軍の同僚たちによって埋葬されたルキウス・シリキウス・オプタトゥスのような人物で、彼はこの地に留まり、採石場の監視業務に携わり、シャントゥに埋葬されたのである。

エジプトのモンス・クラウディアヌスの高価な花崗岩

前30年のエジプト征服以降、ローマ当局はこの新属州の天然資源の棚卸しを進め、ナイル川と紅海の間にある東部砂漠にとりわけ注目した。マイン・ミラド(モンス・ポルフュリテス)の谷の赤色斑岩と、モンス・クラウディアヌスの花崗岩はともに、建設や装飾のために選ばれる素材であった[197]。これから見ていくのは、1987年から1993年にかけて行われた発掘調査以降良く知られるようになったモンス・クラウディアヌスの花崗岩の採石場である。ここでは、灰色がかった花崗閃緑岩(かこうせんりょくがん)という貴重な石が開発の対象となり、皇帝たちの——とりわけ建設者トラヤヌス帝の——

[前ページ見開き]シャントゥの労働キャンプ復元の試み。中央部には、受刑者が長椅子で寝起きしていたであろう刑務所の区画が細長く並列に配置されているのが分かる。各所に、その他の付属施設が派生的に造られている。浴場、兵舎、作業場、厩舎、小神殿である。採石場のある山の麓とキャンプの間には墓地が広がっていた。

[上]シャントゥの「ヌミディア産」大理石採掘地区の眺め。(G・クーロン撮影)

巨大な建築プロジェクトを賄うために例外的に大規模な形で開発が行われた。実際、トラヤヌス帝は、自身の名を持つ公共広場とバシリカ——バシリカ・ウルピア——を、その偉大さゆえに自分だけがローマ市まで運ばせることの出来た、珍しく貴重な素材で造られた柱で飾ることに決めたのである。ハドリアヌス帝について見てみると、パンテオンの再建やウェヌスとローマの神殿、印象的なティヴォリの別荘のために、巨大な一枚岩の石材や柱を運ばせている。モンス・クラウディアヌスには100以上の花崗岩の採石場を見出せるのも理解できるというものだ[198]！

この名高い採石場は皇帝財産であり、この地に連行された千人単位の労働者には無慈悲な労働条件が課されていた。砂漠に山々、乾いたワジ（涸れ川）、灼熱の酷暑、完全な孤立状態、人々を苦しめる永続的な水不足…といった具合である。

この遺跡でなされた発見の中で最も特徴的なものは、オストラカである。オストラカとは、考古学者たちが

モンス・クラウディアヌス（エジプト東部の砂漠）の全景。ナイル川から140キロメートルの、砂漠と山岳で印象的な場所に位置している。（J＝C・ゴルヴァン撮影）

［次ページ見開き］モンス・クラウディアヌスの復元図。右手では、城塞が居住区画を囲んでいる。左手には、別棟と動物（ロバやラクダ）用の囲いがある。後方では、階段がセラピス神殿に続いている。花崗岩の採掘場所と、積み込み場に向って石塊を下ろすことができるようになっている傾斜路とを見つけることもできる。

言うところの、アシとインクで書かれた文面を持つ土器片のことである。書写材としてはつつましいものだが、一覧表や会計文書、様々な明細書を書き記すのに使われた。同様に、私用あるいは公用の手紙のやり取りにも使われていた。モンス・クラウディアヌスの発掘ではおよそ9000ものオストラカが発掘されているとはいえ、それらが使われたのは束の間であり、すぐにゴミ捨て場に捨てられた。それらのうちの1つ、トラヤヌス帝治下の110年頃に書かれた文には、詰所（プラエシディウム）に駐屯していた兵士が言及されている。半円形の2つの塔によって護られた入り口を持つこの砦では、大部屋（コントゥベルニア）に数多くの軍団兵が起居する一方、彼らを指揮する百人隊長は別の場所で暮していた。これらの百人隊長の多くの名が分かっている。たとえば、トラヤヌス帝の治世、砦の隣りの神殿近くで発見された花崗岩製の祭壇に刻まれていた碑文は以下のようなものだった。「ゼウス・ヘリオス、偉大なるセラピスに対し、（我らが）主たるカエサル・トラヤヌスの幸運のために、エンコルピウスが（採石場の）管理官でクィントゥス・アッキウス・オプタトゥスが百人隊長の時に、アンモニオスの子アポッロニオス、アレクサンドリア市民、建築家が、自身の全作品が不滅のものとなるよう、（この祭壇を）捧げた」[199]。ハドリアヌス帝の治世には、第15アポッリナリス軍団のアンニウス・ルフスとキリキア人の第1騎兵補助部隊のアウィトゥスという二人の別の人物の名が言及されている。

トラヤヌス治世の110年頃に書かれたオストラコン〔オストラカの単数形〕に話を戻す。その史料が特に興味を引くのは、その地位や役割に応じて各人に配分されるべき水の配分表を示しているという点である。そこに言及された917人のうち、60人が兵士である。H・キュビニが記すところによれば[200]、これらのオストラカにおいて、兵士たちは「抑圧的あるいは強制的な活動には従事していない。せいぜいパトロールに出るのが見られる程度であり、逃亡者を追いかけるというよりは、むしろベドゥインの監視のためであった。実際、危険は、奴隷あるいは捕虜の労働力から来たわけではなく、アントニヌス帝の治世以降は、『バルバロイ』と呼ばれた砂漠の遊牧民から来たように思われる」。石塊の上げ下ろしや、ナイル川に向けた荷車への積載に関する戦

（120ページに続く）

エジプト東部の砂漠の採石場:物資補給という問題

モンス・クラウディアヌスとモンス・ポルフュリテスは砂漠のど真ん中、ナイル川から遠く（140キロメートル）離れた場所に位置している。石塊の移出には、連続する5つの段階が必要とされた。つまり、採石場で切り出し、石塊を降ろし、地上部を輸送し、ナイル川を輸送し、最後に海上輸送を行う。一般論として、いつの時代でも、ナイル川での輸送には喫水の低い船が必要であり、海上輸送には沖合に対応した船を用いる必要があったことが分かっている。

採掘場所から石塊を降ろすための傾斜路は、モン

モンス・クラウディアヌスの陣営近くに位置している傾斜路の様子。補強された滑り溝や固定用の小さな塔が付属している。（J＝C・ゴルヴァン撮影）

[上]傾斜路の下にあった荷物台から通常サイズの石を積み込む様子。石塊はころを使って荷車の上に押し出されている。ころは梃子を使って取り外される。荷車の車輪は中空ではなく、厚みがある。

[右]そりに載せて大型の石を降ろす様子。そりは、傾斜路の両側に設けられた小さな石の塔に止められた滑車装置で引っ張られている。

[真上]大きなワジ(涸れ川)の光景。多くの石塊で今でもいっぱいで、荷物台はほとんど完全に土に埋まっている。(J=C・ゴルヴァン撮影)

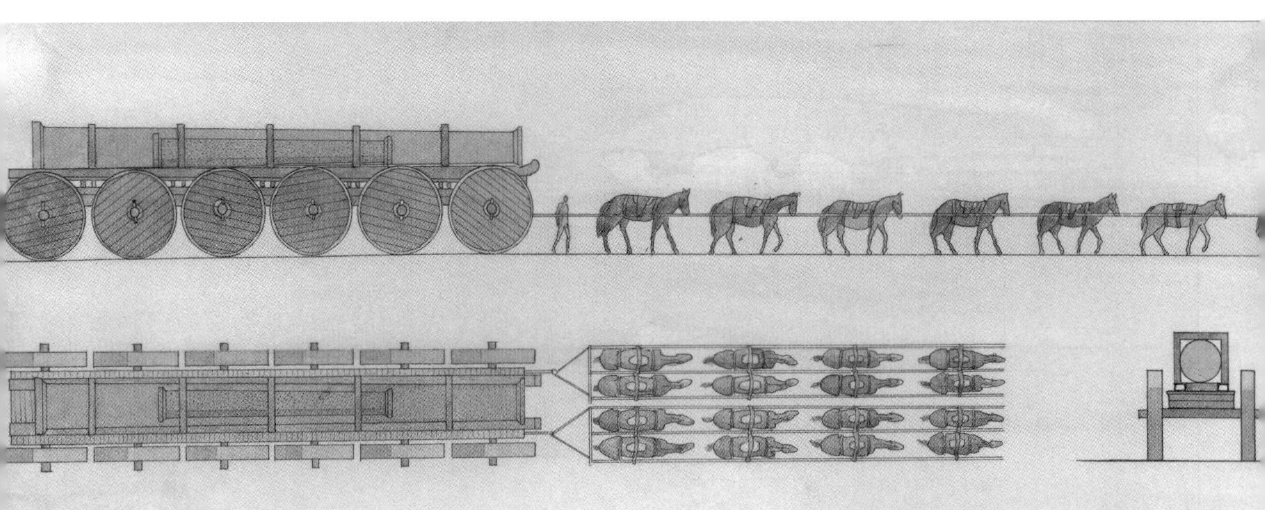

ス・クラウディアヌスの陣営（カストルム）近くの小規模な採石場に、特に良い状態で残されている。その傾斜はおよそ6度である。傾斜路は均されており、石を山積みにして造られた構造物によってところどころ支えられていた。さらに、円錐形に積まれた石（小さな塔に似た形）が両側に規則的に配置されていた様子が見られ、積み荷を牽引したり止めたりするのに使うロープを引っかける支点として使われた。ローマ時代には、恐らく滑車装置を用いることによって牽引力を強めていただろう。傾斜路はそれほど大きなものではなく、一方向にしか使えないものだった。

通常サイズの石それ自体を動かしながら、梃子で降ろしていくのは簡単である。しかし、比較的巨大な石を土の上で直に引きずる形で動かすのは、土にめり込んでしまい輸送路に大きな損傷を与えることになるため、不可能だったと思われる。傾斜路上に設けられた滑り溝を用いた木製のそりに載せるといった方法を想定する必要があるだろう。既にファラオ時代に実践されていたような方法だが、遺跡に木の痕跡は残っていない。花崗岩はしばしば非常に大型の部材（大型のまぐさ石、門の縦材、柱）を作るのに用いられ、その重量は通常の石材を大きく超える。しかも、花崗岩は曲げることのできない素材である。この特色は、柱のように細長い部材としてはとりわけ脆くなることにつながり、輸送時には、その横にした部材全体を常に下から支えて、細心の注意を払わねばならなかった。その作業は、木製の細長い支持体（荷台やそり）なしには出来なかった。こうして石材は、荷車に積荷を積み込める

［上］この遺跡で見つかったオストラカからは、6輪の荷車の存在が明らかとなっている。しかし、この類の荷車は、長さ10メートルを超えない柱にしか使えなかった。恐らく車輪は中空ではなく、ワジの砂まみれの土に沈みこまないよう太いものだっただろう。

［右］割れてしまったために現地で放棄された大型の柱身。恐らく輸送の負担を最大限減らすために、採石場の段階で、大型の石柱の作業はかなり進められていたことが分かる。（J=C・ゴルヴァン撮影）

[上]ころの上に置かれたそりに、石柱を大型の梃子で押して載せる様子。

[下]18メートル(重さは200トン近い)の柱を、それ自体を回転させることで動かせるようにした例外的な装置が作動する様子。そりは、柱身を守り、致命的な湾曲を全力で避けるために、柱身の周りに作られた木製の構造体の一部となっている。この装置は両端部を牽引され、方向を定めるのも、傾斜があまりに急な場合には後ろから引っ張ることも、容易にできた。

ようになっている荷物台の一種であるプラットフォームに到着する。大型の柱を降ろすことのできるワジ(涸れ川)は、小型の採石場の傾斜路よりも大きかった。

オストラカの内容を信じるなら、短いサイズの柱(5〜8メートル)は、プラットフォームまで降ろし、6輪までの非常に大型の荷車に載せることができた。しかし、例外的な大きさの柱は、全く別の規模の問題を引き起こした。長さ18メートル、直径およそ2メートルの柱(ローマのパンテオンの柱に相当する)は、200トン近くの重さになる。

これほどの荷物を動かすには、細長い木製のそりに載せてオベリスクと同じ方法で動かすために、その長さに応じて規則的に配置された木製の大型の梃子を用いて柱身を動かすしかなかった。

縦方向に傾斜路を利用し、勾配の下までそりを引っ張る必要がある。

地上部の輸送では、これほどの積み荷を支えられる荷車など存在しなかった。実際、これほどの重さを支えるのに必要な車輪を作ることは不可能だった。

この場合、この問題を解決することのできる唯一の手段に頼る必要があっただろう。すなわち、その荷物の周りに木製の特別な円形の構造体を取り付け、それ自体を回転させたのである。

東部砂漠の砕けやすい素材でできた道を転がすために、その装置がはまり込むのを避けるべく、土と接触する回転部分の幅はできるだけ大きくする必要があった。

モンス・クラウディアヌスからナイル川までの経路は、完全に判明している。このような装置を通すのに、全区間にわたり十分に大きく平らである。この街道は完全に軍の管理下に置かれ、テル・ザルカのように※物資補給や監視のための場所である中継用の宿駅が点在していた。そこで言及されている動物は、ロバとヒトコブラクダだけである。

※Golvin, Reddé, 1986

略において、兵士たちが不可欠な役割を果たしていたことは明らかである。あるオストラコンの伝えるところでは、大変重い柱を川まで輸送するのに、6輪の荷車——車輪は全体で12個——に9人の労働者が付いて行われた。次いで、水路を用いて、装飾を施された石と石柱の柱身がアレクサンドリアに到達し、そこでローマの外港であるオスティアに向けて船積みされた。軍隊のような合理的な組織だけが、その厳格な指導と専門家たちの能力ゆえに、このような荷物を取り扱うことができた。その法外なコストを踏まえるなら、モンス・クラウディアヌスの花崗岩が皇帝の建築物でしか使われなかったのも当然だ! そのうえ、この遺跡の国際的な調査の責任者だったJ・バンジャンは、「皇帝たちが東部砂漠の岩場に彼らの属吏を配置した深い理由は、彼らをイタリアに来させることさえ困難だったからだ」と書いている[201]。それに加えて、「桁外れの努力は、桁外れの権力にしか属さない」とも述べている。しかし、「花崗岩の怪物」——J・バンジャン自身の表現である——を掘

り出し、確実に輸送するためにエジプトの砂漠の人里離れた一画でなされた人力の、あるいは技術的な方法の例外的なまでの豊富さは、完全に皇帝の気まぐれに捧げられたものだったにせよ、科学的な知見や軍の技術者たちのノウハウがなければ、桁外れの無駄に終わっていたことは明らかである。

[左ページ]モンス・ポルフュリテスの復元図。モンス・クラウディアヌス近隣にあった小さな要塞で、後方にはセラピス神殿が付随していた。エジプトの高価な赤色斑岩は、ローマの特に豪華な大建造物の建設や装飾のために高く評価された。

[上]ワジ・ハンママトのテル・ザルカの宿駅。輸送隊は、この類の施設に立ち寄ることができた。紅海の港町との間を行き来する商人が支払わねばならない税金の徴収もここで行われた。道筋を効率的に管理するのにも役立った。隅に配置された監視塔のおかげで、視覚的なシグナルでメッセージを素早く伝えることもできた。

植民市や都市の創設

前1世紀後半以来、数多くの退役兵植民市が帝国各地で創設された。こうした植民市の創設は、新しい中心地を生み出す一方、古くからの都市を大きく変容させ、都市景観を激変させたのである。

ローマ都市の創設儀礼に関するこれまでの見方

伝統的に、都市の創設には、3つの大きな節目がある。まず、公職者と測量技師——19世紀の版画ではたいてい軍人である——が、グロマを用いて、日の出の太陽に向かって、都市の大きな東西軸の1つであるデクマヌス・マクシムスを標杭で画して、具体的に示す。次に、同じくグロマを用いて、観測点から直角に伸びる、南北方向のカルド・マクシムスを定める。最終段階では、犂で最初の溝を掘り(これがスルクス・プリミゲニウスの儀礼である)、都市領域を定める。これによって、城壁の場所と、基礎となる宗教的境界ポメリウムを決定するのである。こうして主な手続きが完了しても、主たる2つの軸のそれぞれに並行して伸びる格子状の二次的な通りを定める作業が残っている。従って、もし伝統を信じるなら、ローマ都市は昇る太陽に合わせると同時に碁盤の目状に幾何学的に構成されていたことになる。

1970年代以降、文献史料の厳密な批判に基づき、このような考え方はJ・ル・ガルによって激しく批判された[202]。そのため10年後には、C・グディノーは躊躇うことなく、このような方角の決定にもはや触れる必要はなく、「格子状のローマ都市という有名な側面にこだわるのは止めるべきだ」と書いている[203]。都市技術者の実用主義を強調して、彼はこう続けている。「決定的な要因は、理論的な枠組みではなく、創設あるいは改修に関わる場所の調査に存している。最初の活動は、都市区域の確定だった。その後に、測量の専門家が最も合理的かつ経済的な形を選択した」[204]。条件が適合している時に、都市技術者が決まったプランを好んだことは明らかだが、個々の地形に事前に定められた枠組みを人工的に押し付けることにならないように、プランは常に個別的なものとなった。そのため、ローマ都市が互いに同じ形や大きさの街区を持つことはなかった、というのが事実である。

ガリアとヒスパニアにおける植民市の創設

植民市に与えられた名前は、そこに入植した退役兵たちの出自を自ずと記念するものとなっている。当時——前1世紀後半——は、実際、無償の土地分配の恩恵を受けたのは主に退役兵だった。従って、内戦終結時の大規模除隊に続けて、ユリウス・カエサル一人だけで、8万もの人員をその創設のために振り分けたのである[205]。時の経過とともに、都市の創設は、ラテン語の普及や経済活動、新しい生活様式の導入によって、ローマ化の強力な媒介者となった[206]。

ガリアでは、前43年、ローマ元老院の命令で、長髪のガリア——カエサルによって数年前に征服されたばかりだった地域——の総督だったルキウス・ムナティウス・プランクスが、ルグドゥヌム(現リヨン)を創設した。アッロブロゲース族によってウィエンナを追われた入植者を受け入れるためである。この新たに創設された都市の正式な名称は、創設者の名に因んで、コロニア・コピア・フェリックス・ムナティアである。追放された者たちとは誰のことだろうか? 恐らくローマ人商人のことだが、後の皇帝ティベリウスの父で副官だったティベリウス・クラウディウス・ネロによって前46年から44年までの間にウィエンナに入植させられたばかりだった退役兵たちがいたことも確実である。プランクスの植民に対応する最初の居住の層から、数多くの軍の備品

類が発見されていることからも、この仮説は確認できる[207]。この創設から一世紀以上経た後に、リヨン市民が「ローマ植民市にして軍隊の一部(コロニア・ロマナ・エト・パルス・エクセルキトゥス)」だと自慢したのは[208]、恐らくこれが理由であろう。

ナルボンヌの場合は事情が異なる。前118年以来グナエウス・ドミティウス・アエノバルブスによってなされた平定の功績を称えて、その3年後、ローマ人はこの地に植民市を創設した。マルス神への謝意を込めてコロニア・ナルボ・マルティウスと名付けられたこの町は、ローマによってイタリア外に創設されたもっとも古い植民市である。アエノバルブスの実の息子は、リキニウス・クラッススの助けを受けて、この地に2千の入植者を定着させ、台帳に記録されたばかりの土地を彼らに分配した。その後、前45年、カエサルは、ティベリウス・クラウディウス・ネロの指揮下、今回は明らかに第10カエサル軍団に属していた退役兵たちによって、コロニア・ユリア・パテルナ・ナルボ・マルティウス・デクマノルムという名を持つ2番目の植民市を創設した。

同じ頃、カエサルの命令により、この独裁官の忠実な兵士だった第6軍団の退役兵たちに土地を分配するために、同じティベリウス・クラウディウス・ネロが、アルルの植民市建設も進めている。この町は、コロニア・ユリア・アレラテ・セクスタノルムと呼ばれる。フレジュスについて言えば、こちらは恐らく前49年にカエサルによって創設された。しかし、この町が本当に成長し始めるのは20年以上後、オクタウィアヌス――後の皇帝アウグストゥス――が、第8軍団の元兵士たちを入植させて植民市を建設してからのことである。その名は、フォルム・ユリイ・オクタウァノルム・コロニア・クアエ・パケンシス・アッペラトゥル・エト・クラッシカであり、この最後の言葉〔クラッシカ〕は、艦隊の存在を想起させるものだ。軍の関与したことが確かなガリアに創設されたローマ市民植民市について言及するのは〔次で〕終わりにしよう。オランジュの町も、前35年、オクタウィアヌスによって創設され、第2ガッリカ軍団の退役兵たちが、恐らく反乱を起こしガリアに入植者として送り込まれた兵士たちと共に、入植したものと思われる。その名称は、コロニア・フィルマ・ユリア・アラウシオ・セクンダノルムである[209]。スペインの様子を見てみよう。イベリア半島最大のローマ遺跡であるメリダは、前25年、アウグストゥスの命令により、ルシタニア総督プブリウス・カリシウスによって創設された。この町はユリア・アウグスタ・エメリ

(132ページに続く)

[前ページ見開き]ルグドゥヌム(現リヨン)は、ムナティウス・プランクスによって創設された都市で、公共広場や劇場、オデオンのあるフルヴィエールの丘の境界を大きく越えて拡大した。ソーヌ川とローヌ川の合流点のほか、円形闘技場やガリア3属州共同の大規模な神域を擁するクロワ・ルスの丘にも展開している。この町は4つの水道で水を供給されていた。

[次ページ]前面には、アグリッパによるフレジュスの大規模な陣営が広がっている。後方にはフォルム・ユリイの町が広がり始めているが、城壁や大規模な水道、円形闘技場はまだ完成していない。(C. Goudineau et D. Brentchaloff, *Le camp de la flotte d'Agrippa à Fréjus*, Errance, Paris, 2009参照)。

[次々ページ見開き]エメリタ・アウグスタ(現メリダ、スペイン)は、素晴らしい保存状態で、現在でも主たる建造物が維持されている。つまり、2つの大規模な水道、城壁、3つの見世物用施設(劇場、円形闘技場、競走場)である。もっとも驚異的なのは、アナス川(グアディアナ川)に架かるアウグストゥス時代に建設された大規模な石の橋で、現在まで事実上手付かずのまま残されている。残念なことに、この恐るべき川の猛威に抵抗できた素晴らしい技術を持つ構造物の設計と建設に軍が果たしたであろう役割を明らかにできるような碑文は残っていない。この建設者たちの持っていた素晴らしいノウハウからすれば、軍の専門家の関与があったと想定される。

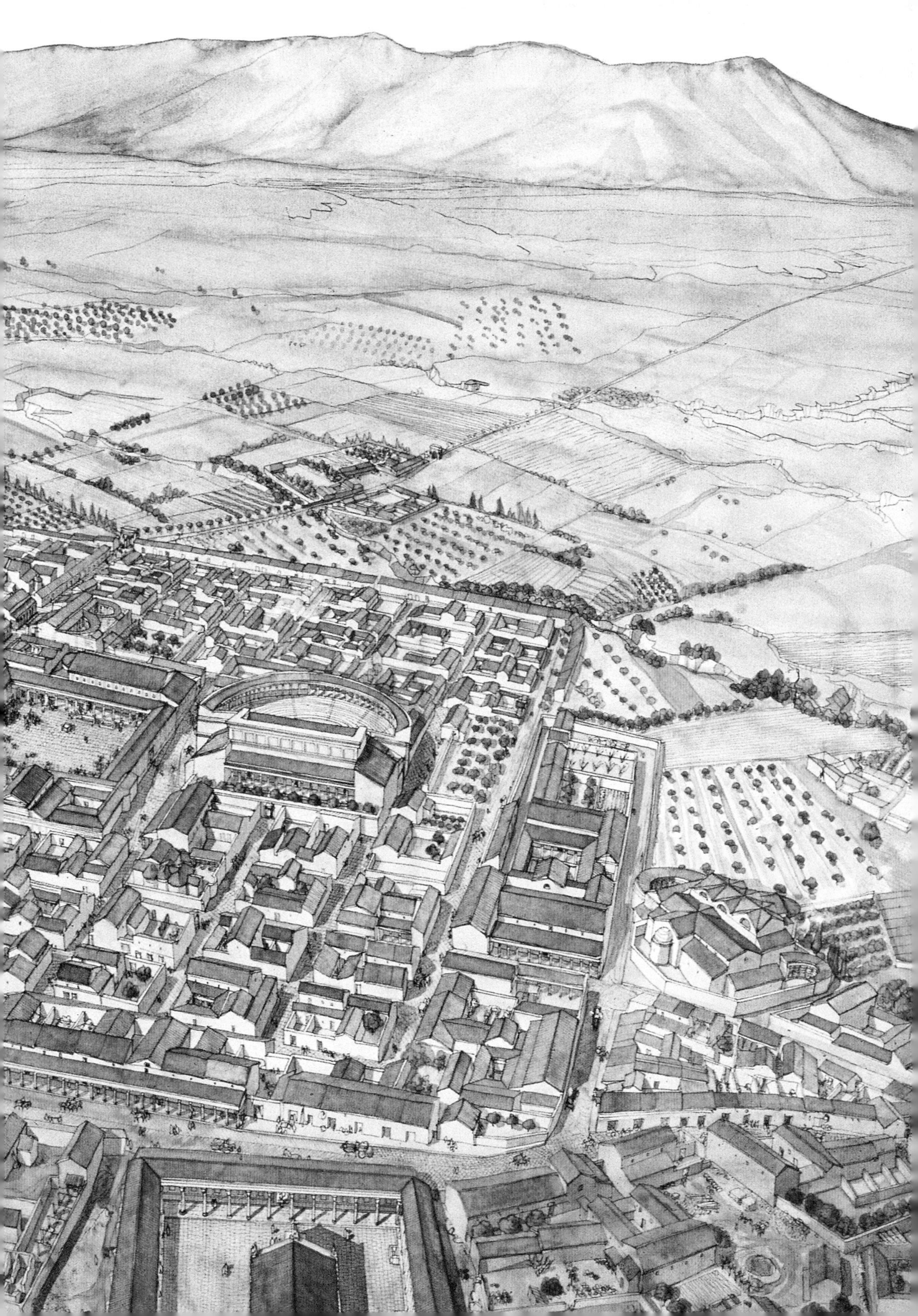

タの名で知られ、勤務年限の最後まで勤め上げた退役兵を受け入れ、彼らに報いるのがその目的であった。彼らは、アストゥリア・カンタブリア戦争に長い間従軍していた者たちで、中でも第5アラウダ軍団と第10ゲミナ軍団の退役兵が主であった。タラゴナに関して言えば、前45年、コロニア・ユリア・ウルプス・トリウンファリス・タッラコという名称で、カエサルによって植民市に昇格されている。

軍事的着想で造られた植民市ティムガド

「神君ネルウァの息子、インペラトル・カエサル・ネルウァ・トラヤヌス・アウグストゥス、ゲルマン人の征服者、最高神祇官、護民官職権4回、執政官3回、国父が、コロニア・マルキアナ・トラヤナ・タムガディを、第3アウグスタ軍団を介して、軍団司令官ルキウス・ムナティウス・ガッルスの時に、建設した」[210]。

この町の創建時の奉納碑文は以上のとおりである。100年にトラヤヌス帝によって建設されたティムガドは、ローマ時代の北アフリカにおいて退役兵のために最後に設定された植民市であった。この碑文は、この植民市を建設したのが軍隊であったことを明白に示している。第3アウグスタ軍団の技術者たちが場所を選定し、設計し、主な都市施設を定め、軸線や主たる方向を確定し、最終的には現地での作業を監督した。第3アウグスタ軍団が駐屯していた近隣のランバエシスと同様に、そのプランは完全な規則性を示しており、建築家や測量士（グロマティキ）、水準測量技師（リブラトレス）によって軍事施設のために用いられた幾何学的な原則が適用された。当初、全体では一辺1200プースほど、つまり355メートルで設定され、格子状に直角に交わる2本の基軸となる通りで分けられて、市街地は一辺20メートルほどの36の居住区画（インスラエ）に区分された。公共広場や劇場、公共浴場といった公共建築物は、明らかに都市技術者の着想によって配置され、いくつもの居住区画をカバーしていた。一見したところ、この幾何学的な空間配置や基準点となる軸に基づいた規則的な碁盤の目状の街路は、軍の陣営に似せた初歩的な投影図に見えるかもしれない。しかしながら、居住のために用意されたこの重要な場所は、設計者たちの関心をも明らかにしてくれるようだ。つまり、入植者一家のために厳密に等しい区画が用意されていたのである。この町は、当初、表面積12ヘクタールを占めていた。その拡大は急速で、2世紀末には既に50ヘクタール、後には90ヘクタール近くに及んだ。タムガディの当初の枠組みは狭かったため、徐々に拡大していき、城壁外の建築物が、主にランバエシスに向かう西側に向って、軸線から延びる通り沿いに増加していった。都市領域を4倍に拡大させることになった郊外部は、主に退役兵が入植していた当初の厳密な規則性を乗り越えてしまったのである。その若干無秩序な配置ゆえに、この新しい建築空間は、公共広場の敷石に刻まれた次の碑文に象徴されるような新しい暮らし方を反映するものとなっている。「狩りと、浴場と、芝居と笑い。これが私の人生の全てだ」[211]。

[前ページ見開き]タムガディ（現ティムガド）の復元図は、トラヤヌス帝治下に軍によって創設された都市の変容をしっかりと反映している。中央部には、ローマ軍の陣営を彷彿とさせるような、当初の碁盤の目状の都市中心部の規則的な痕跡と、当初の城壁を越えて後に拡大した街区とを見出すことができる。

第3アウグスタ軍団はティムガド植民市において修理や修復に何度も従事していた。2世紀半ばから3世紀末に至るまで、碑文史料が示す限り[212]、少なくとも12回にわたっている。東の浴場や、公共広場、門の1つ、バシリカなど、市内各所で作業を行っている。軍団司令官が、麾下の部隊が創建した町を維持、発展させることに意を用いていたことは明らかである。

陣営に付属した円形闘技場

リヨン、アルル、フレジュス、メリダ、あるいはタラゴナといった、本章冒頭で言及した植民市は、ほぼすべて、ローマ文明によって遺されたもっとも象徴的な建造物の1つである円形闘技場を備えていた。しかしながら、この印象的な見世物用の建物は都市にしか見られないわけではなかった。確かに、トラヤヌス記念柱でも、表現されている2つの円形闘技場のうちの1つは城壁に囲まれた都市の近くに立っている[213]。この中空構造の建造物は大型の石で建てられ、その正面は一連のアーケードでリズムを与えられていた。しかし、ドナウ川に架かる橋の落成式で犠牲を捧げる皇帝を表現したこのシーンに見られるもう1つの円形闘技場は、ドロベタの陣営のすぐ横を飾っている。その陣営は、塔形の門や石製の城壁、兵舎によって簡単に同定できる。その浅浮彫りの図案の分析からは、この建造物の下半分は石で、上半分は木で、それぞれ造られていると結論付けられる。

この見世物用の建造物がドロベタの陣営と並んで存在していたことは、特に珍しいことではない。J=C・ゴルヴァンは、駐屯地に付属した円形闘技場について調査しており、その数は20に及ぶ[214]。言及されているのは、上ゲルマニアのウィンドニッサ（現ウィンディシュ、スイス）、上パンノニアのカルヌントゥム（現ペトロネルとバート・ドイチュ・アルテンブルクの間、オーストリア）、下パンノニアのアクィンクム（現ブダペスト、ハンガリー）、アフリカ・プロコンスラリスのランバエシス（現ランベーズ、アルジェリア）、シリアのドゥラ・エウロポス、そしてブリタニアのイスカ・シルルム（現カーリーアン）とモリドゥヌム・デメタルム（現カーマーゼン）の2か所などである。

[右上]トラヤヌス記念柱では、円形闘技場がドロベタの陣営の横に表現されている。アーチの盛り上がった部分は、その下の部分が石で建てられていることを意味する一方で、三角形の開口部や交差した木材は、建物の残り部分が木製だったことを示している。

[次ページ見開き]カルタゴ。前146年に破壊され打ち捨てられたポエニ時代の都市の跡に建てられたローマ都市で、1世紀後にはアフリカ属州の州都となった。その規則的な形状は新しい都市のものであることを示している。巨大な水道が100キロメートル以上の経路を経て町に到着し、印象的な遺跡が残るラ・マルガの巨大な貯水池を満たしている。

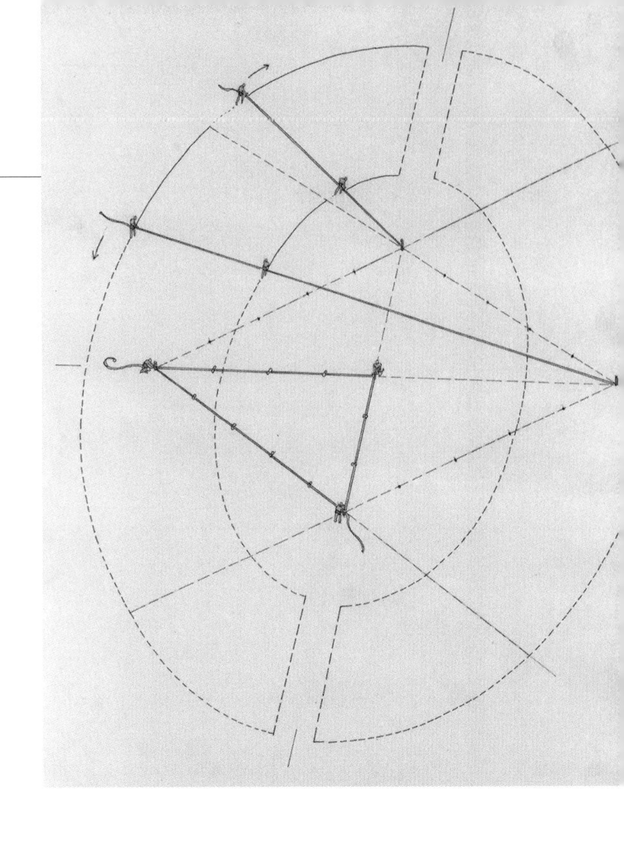

軍隊がドロベタの円形闘技場を建設したとき

この建造物は残っていないが、建設の諸段階を想起させるような、その造り方の原理は分かっている。

第1段階：建造物の地表部での区画設定

円形闘技場の調査※によれば、アレーナや正面の輪郭に応じて次第に大型化した楕円を描くことが不可能になったことに答えるべく、巧妙な解決法が見出されたという。その解決法は、この人目を引く幾何学的な形状の張り出し部分に対応する4つの中心点から同心円の一部を描くことであった。その方法の最初は、いわゆる「ピタゴラスの」直角三角形（各辺の長さが3：4：5となる）を4つ、ロープで形作ることである。最初の図（上）では、1本のロープを持った軍団兵たちが、いま述べたような形で配置されているのが分かる。こうして彼らは、最初に、直角に交わるこの建造物の2つの軸線と4つの基準点を確定することができた。2番目の図（下）では、軍団兵たちが4つの基準点に基づいて同心円を描き、円形闘技場の放射状の壁を造るための軸線を定めている。この段階からは、この建造物のプランは完全に確定しており、建設するのは容易であろう。

円形闘技場の幾何学的な形状は複雑で、グロマで描くのは難しいけれども、ロープ一本で――言い忘れてはならない基礎的な重要性を持つ道具である――完全に実現できたのである。

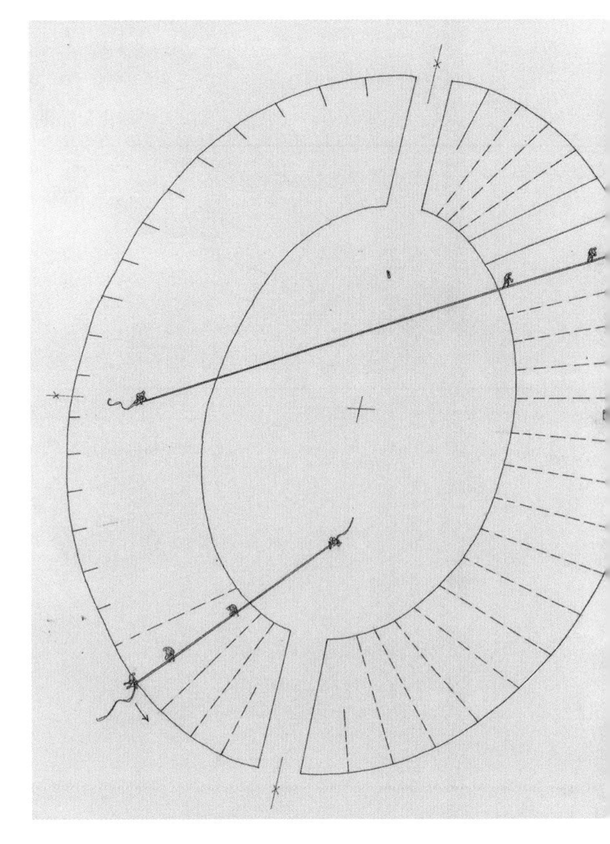

第2段階：建設現場

円形闘技場の建設は、短い方の軸の両端部から始まり、長い軸の両端部へと進んで行った。次ページの図では、工事の諸段階が表現されている。完成した部分では、足場が組まれ、この建物の木造部分の建築に対応するように表現されている。長い軸線の両端部では、人々がクレーンを使って、石で地上階の建築を進めている。まず石を地上に集め、次いで木製の型枠の上に1つ1つ迫石（せりいし）を持ち上げた。同等の持ち場を持つ4つのチームが同時に作業を行い、それぞれが建造物の4分の1ずつを完成させた。

※Golvin, 1988

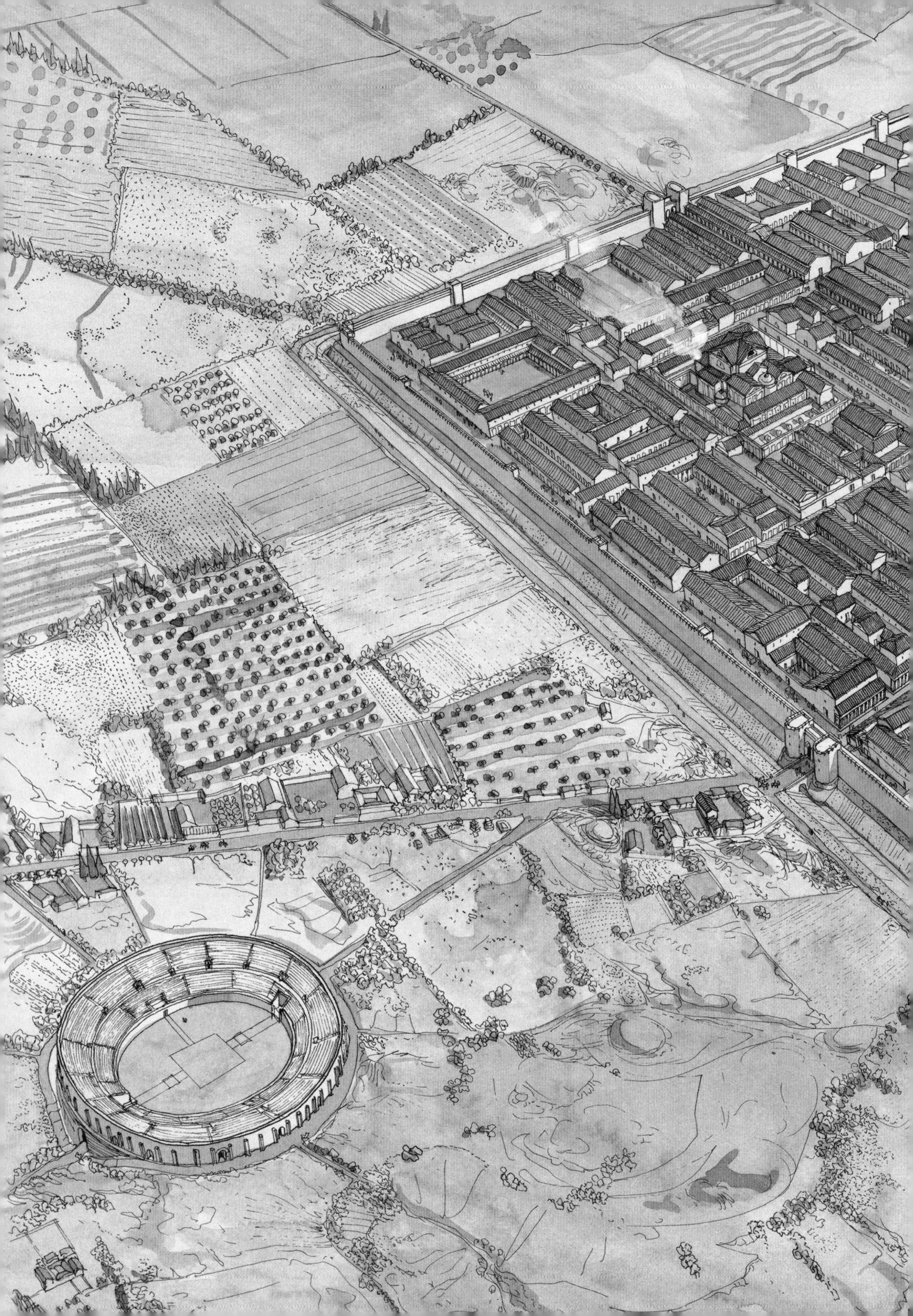

陣営に付属した円形闘技場の建設は、軍人たちの到来後に企画されたことだろう。例えばウィンドニッサでは、この建造物の建設は、ユリウス＝クラウディウス朝期、第13ゲミナ軍団の設置と同時であった。語るに値する驚異的な事例だ！ アウグスタ・ラウリカ（現アウクスト、スイス）では、第2アディウトリクス軍団が同地に到着した時に、小型の円形闘技場が建設された。兵士たちは、場所を空けるために劇場を破壊するのもいとわず、まさにその場所に円形闘技場を建てたのである。後に軍団が陣営を去るとき、今度は円形闘技場が破壊され、より巨大な建築物に取って代わられた。つまり、最初の円形闘技場が使用された期間は、軍団の駐屯期間と正確に対応していたのである[215]。このことは、円形闘技場の建設が、兵士たちにとってどれほど必要であったかを示している。また、それは軍団兵の巨大な陣営のためだけではなかった。例えば、トメン・イ・ミュル（ウェールズ）には、せいぜい千人ほどの補助部隊兵士を収容できる程度の小さな砦のすぐそばに、小さな円形闘技場があったらしい。

これらの建物が、時に小さなものであれ、陣営に由来する建築プログラムの不可欠な一部だったことは明らかである。これらは、兵士たちによって、現地で手に入る最も経済的な手段——最も多いのは近隣の森で伐った木材——で、拙速に建設されたものと思われる。「アレーナ部分を地表に掘り込み、その残土は、隔壁で保持された傾斜を作るために横に積み上げられた」[216]。このようにして、土方と大工によって土と木で建設された非常に単純な形態の円形闘技場は、石で造られた、より巨大な建造物に取って代わられることもしばしばあった。アルジェリアのメサルフェルタの建造物のように、最初から石で造られ、後に修復、整備されるものもあった。同地で見つかった177年から180年の間に刻まれた碑文は以下のようなものである。

「インペラトル・カエサル・マルクス・アウレリウス・アントニヌス・アウグストゥスとインペラトル・カエサル・ルキウス・アウレリウス・コンモドゥス・アウグストゥス、ゲルマン人の征服者、サルマティア人の征服者が、老朽化して壊れた円形闘技場を地面から再建した。第6コンマゲノルム補助部隊を介して、アウルス・ユリウス・ポンピリウス・ピソ・ラウェッリウスが軍団司令官の時、アエリウス・セレヌス部隊長の監督により」[viii]。

陣営に付属したこれらの円形闘技場の役割は何だったのだろうか？ それらの存在は、それらがもともと兵士たちによって戦闘訓練のために用いられていたことを思わせる。長きにわたり、剣闘士と軍隊の間の密接な関係も強調された。ウァレリウス・マクシムスによれば、前105年、執政官プブリウス・ルティリウスは、「グナエウス・アウレリウス・スカウルスの養成所の剣闘士養成役を呼び寄せ、攻撃をかわしたり仕掛けたりする、より正確な方法を自身の軍団に身に付けさせた。こうして彼は、一方では武勇を技術と、他方では技術を武勇と結び付けた。つまり、一方は情熱を加えてより強くなり、他方は知識を増してより身を守ることができるようになったのである」[217]。剣闘士競技の言葉は軍隊のものと同じであり、彼らが訓練に用いた武器も同じだったので、剣闘士は兵士に戦闘技術を簡単に教え込むことができた。タキトゥスも、『年代記』や『同時代史』において、軍団内における剣闘士の存

［前ページ見開き］ランバエシスの円形闘技場は、第3アウグスタ軍団の司令部近くに建てられた。兵士たちの訓練場として使われたほか、隣接する都市の住民たちのための見世物用の施設としても使われた。

在について数多くの証言を残しているし、マルクス・アウレリウス帝自身も、マルコマンニ人との戦争（167～173年）に着手する前に、軍の中に剣闘士を雇い入れている。

しかしながら、剣闘士の役割は訓練のみに限定されてはいなかった。兵士たちの気晴らしのためにアレーナに姿を現し、「提供された見世物を目利きとして評価することの出来た部隊の兵士たちの余暇を満たしたのである」[218]。同様に、宗教的な祭儀や皇帝の記念祭、軍事的な祝祭、通常の公的な祭儀等の機会には、陣営の円形闘技場も剣闘士競技や野獣狩り（ウェナティオネス）を開催したことだろう。円形闘技場は多目的に利用できる大建造物であり、軍事施設の隣りに建てられた円形闘技場には、兵士も民間人も、いずれもが頻繁に訪れていた。例えばカルヌントゥムでは、軍団司令官用の区画の正面にある貴賓席は、都市当局のために取っておかれた。ランバエシスでは、128年のすぐ後、第3アウグスタ軍団が、駐屯する陣営のすぐ近くに円形闘技場を建設した。その後、169年、177年から180年、194年に、この円形闘技場は同じ軍部隊によって拡張、修復された。それは明らかに、隣接する町からやってくる人々を収容するためだった。というのも、この間、軍の定数は変わっていないからである。陣営に付属した円形闘技場の運命には、別のシナリオも見出され得る。カルヌントゥムでは、都市の大幅な発展で非常に増加した需要に応えるために、「民生用」と評価されてきた2番目の円形闘技場が、「軍用の」円形闘技場に追加されている。これら2つの見世物用の施設は同時並行的に用いられ、ほとんど同じような形態と特徴を呈している[219]。

エピローグ：
土木・公益事業における軍隊の影響

ローマの軍団兵や補助部隊の兵士たちは、軍事遠征に従事していない時、運河や水路の開削、街道や橋、水道の建設、採石場での業務、円形闘技場の建設といった土木作業にばかり従事していたわけではない。兵士たちを無為にしておかないように、司令官は彼らを、公的な性格をもつ業務だったにせよ特別な技術的知見を必要としないような、もっと平凡な業務に従事させることもあった。

ヒスパニアのア・コルーニャの灯台

スペイン北西部、ア・コルーニャの灯台は、平凡だが確かに印象に残る建造物である。現在では「ヘラクレスの塔」という名で知られており、大西洋に面した岬の上に立っている。その外見は古代とは大きく変わってしまった。この1世紀のローマの灯台は、本来の高さは41メートルで、一辺18メートルの四角形のプランである。18世紀末に、現在の建物に組み込まれ、古代の建物は34メートルほどの高さまで保存されたが、頂上部は失われてしまった。すぐそばの岩に、こんなラテン語の碑文が残っている。「マルス・アウグストゥス神への捧げもの。ガイウス・セウィウス・ルプス、建築家、ルシタニアのアエミニウム出身者が、誓いに従って」[ix]。2つの点が目を引く。この建築家（アルキテクトゥス）はローマ市民で、アエミニウム市、現在のポルトガルのコインブラ出身である。ガイウス・

ア・コルーニャ（スペイン）のローマ時代の灯台。高さ41メートルで、大西洋に面した岬の上に立っている。

セウィウス・ルプスが軍人だったという確証はないが、P・ル・ルーは、この建造物に関する研究の中で、根拠を示しつつ「ネロ帝が死去するより前の補助部隊の兵士か、フラウィウス朝期の軍団兵」だったのではないかと推測している[220]。この仮説を採用するなら——これから書くように——、ガイウス・セウィウス・ルプスがこの灯台を完成させたのは、皇帝権によって軍隊に命じられた職務の枠内においてのことだったことになる。「この建築家は、軍と皇帝の守護神(マルス)に対して、軍の協力によりこの建物の建設を首尾よく終えることができたことを感謝して、この碑文を岩に刻ませた」のであるから[221]、この見方は正しいものと思われる。

沼沢地、ブドウ、瓦

公益事業の最初に来るのは、沼沢地の干拓である。『ローマ皇帝群像』中の「プロブス帝伝」は2つの事例を伝えている。まずエジプトで、プロブス帝が「多くの沼地を干拓し、そこに耕地と畑を作った」[222]。また、プロブス帝の生地で、湿地帯の中に建てられた町だったシルミウム(現スレムスカ・ミトロヴィツァ、セルビア)でも、皇帝は麾下の軍隊——何千もの兵士たち——に、水路や運河を掘らせて周辺を開拓させている。これらの大規模な事業の目的は明らかだ。耕作可能な土地の面積を広げ、収穫を増やすことでシルミウムの住民の利益を図ることである。「はじめに」で既に見たように、この後に起こった出来事も分かっている。あまりに頻繁に剣を鶴嘴と交換させられることに激高した兵士たちは、282年秋の酷暑にさいなまれ、皇帝を殺害したのである。

同じプロブス帝(在位276～282年)は、『ローマ皇帝群像』の伝えるとことによれば、ガリア人、ヒスパニア人、ブリタニア人にワインを製造するために葡萄畑を持つことを許したという。「プロブス自身、イリュリクムのシルミウム近郊のアルマ山を兵士の手で耕作させ、品質の良いブドウの木を植えさせた」[223]。まさにこの事例では、軍隊は奴隷的な労働力として用いられている。このような状況なら、彼らが起こした反乱や暗殺も理解できよう。本書で瓦やレンガの生産に言及するのは、矛盾しているように思われるかもしれない。実際、これらの生産には、ノウハウも、高度な技術的知見も必要ではないし、検印がなければ、軍の生産品か民間の生産品か区別できない。建物を覆うためであれ、地面を舗装するためであれ、陣営の需要に応じて作られたものについてだけ言及しておきたい。しかし、疑問が生じる。軍の工房は、駐屯地近隣の民間人に対しても同様に製品を供給したのではないだろうか? それらの作業場は、陣営の内部にあったのだろうか? 誰が生産を管理したのだろうか? 労働力は軍人だけだったのだろうか? これらに決着をつけるには、あまりに研究が少なすぎ、属州によって対応は違っていたと考えても良いだろう。いずれにせよ、ミルボ・シュル・ベーズ(コート・ドール県)の陣営周辺の事例が示しているように、軍の検印の付いた瓦やレンガの分布からは、民間人がローマに典型的な建築技術を身につけるに際し、軍隊や補助部隊は重要な媒介者となったことが分かっている[224]。

軍の関与についての指摘

これまでの諸章からは、土木事業のすべてと大規模な公共事業の多くが軍による産物と思われるかもしれない。しかし、無論そんなことはない。111年、ポントス・ビテュニア属州総督だった小プリニウスが、ニコメディア市に水道を備え付けるために、トラヤヌス帝に対し技術者か建築家の現地への派遣を要請した時、彼が明らかに軍人を求めていたとする根拠はないのである。帝国各地で行われていた建設事業や修復事業の大多数について言えば、イタリアのポッツォーリの有名な「見積書」——ある通りに面したセラピス神殿前の骨組みの設置に関わるものだ——が示すように、民間の労働者によって行われていたのである。この史料は、ヌメリウス・フフィディウスとマルクス・プッリウスが二人委員の年、〔前〕105年に年代同定されている[225]。さらに、ポンペイの建物のいくつかの正面に見られる石工の看板は、民間の建築請負業者があちこちに存在していたことを示している。

近年、P・ル・ルーが、総論的な研究の中で、公的な性格をもつ大規模事業のうち軍団兵や補助部隊の兵士たちが関与した場所の明晰で面白いリストを作成した[226]。もちろん、本書でも示してきたように、ローマ軍兵士が、運河の開削、街道の敷設や修復、用水路の整備や水道や橋の建設に広く貢献していたことは明らかである。これらの軍の関わりは、橋の場合のように、自ずと人目を引く性格を帯びた。しかし、駐留部隊を地域の改善役に変えてしまうのは度を越したものとなっただろう。このような公益事業が、習慣的かつ体系的に行われているような場所は、帝国内のどこにもなかったのである。史料が欠けているために、土木事業に関して

［上］ミルボ・シュル・ベーズ（コート・ドール県）の陣営で採取された瓦にあった第8アウグスタ軍団の検印。（R・キュベイヌとR・ボジョ・ジュリアン提供の写真に基づく）

兵士たちの貢献がどれほどであったかを正確に測ることはできないにせよ、P・ル・ルーによれば、「〔軍の関与に〕適した段階は、属州への定着段階か、あるいは騒擾後の秩序回復期であった。その反証が与えられるのは、数多くの属州の諸都市の現場からであって、それらは皇帝の公的な承認があったにせよ、他の手段か民間の専門家によって指導されたものだった。あらゆる証拠を勘案するなら、軍隊は人々のために建設するよう定められた存在ではなかったのである！」[227]。たとえ兵士たちが街道を開き、石で舗装したのだとしても、それは軍事遠征を準備するためであったり、軍部隊の移動を容易にするためだったりしたのだということを忘れてはならない。もちろん、もっと後になれば、頑丈かつ長持ちするように造られていた街道は、物資の流通を容易にし、地域の経済的成長に寄与したのである。

現実であれ幻想であれ、いずれにせよ、土木技術分野におけるローマ軍の華々しい成功は、何世紀にもわたって続いた。今日でもなお、時に伝説的な姿さえまとって、言及されている。1854年、アルジェリアのオラン地区の司令官だったペリシエ将軍が外国人部隊の工兵たちを前に述べた言葉が、それを示している。「車の通れる道、ダム、橋、この国の様相を変える灌漑用の水路は、君たちにかかっている。ローマの軍団がそうであったように、これらの大事業に感謝した入植者たちは、その便益を君たちにもたらしてくれるだろう」[228]。

結局、どんな時代であれ、軍と民間の両分野に関するこのような解釈は、また、多くの場合、両者を明確に分けるのは難しいという事実は、私たちが本書に与えることに決めたこのタイトルを十分に正当化してくれるように思われる。

註

※i〜ixは邦訳版における訳註。

はじめに

1●I, 1.〔訳文は、森田慶一訳註『ウィトルーウィウス建築書』東海大学出版会、1979年による。以下同様。〕

2●「ウィトルウィウスは、スクリバエ・マルマンタリイという攻城・投擲兵器の製作・維持を担う軍部隊に属していた。我々が同定できるその部隊員は、名誉を与えられた解放奴隷かイタリア諸都市出身の出生自由人である。」(Gros, 1998)

3●『建築書』I, 1.

4●『建築書』第X巻序文。

5●Vitruve, traduction de Perrault revue et corrigée par Dalmas, 1986, p.32.

6●Donderer, 1996, S.188f. Nr A88.

7●この表現は、C. Schmidt Heidenreich, "Les soldats bâtisseur dans les camps sous le Haut-Empire", in Wolff (dir.), 2012, p.327-340から借用した。

8●『軍事論』I, 8.〔I, 7の誤り。〕

9●Schmidt Heidenreich, *op.cit.*, p.329.

10●Le Bohec, 2014, p.63-69.

11●Le Bohec, "Conclusions", in Wolff (dir.), 2012, p.535.

12●Adam, 1984, p.9-20.

13●この種の機械は、有名なハテリウス家の浮彫り(ヴァチカン美術館のラテラノ・コレクション、ローマ)に表現されている。

14●これらの技術全体に関しては、Adam, 1984, *op.cit.* 参照。

15●『ローマ史』XXXIX, 2.

16●『英雄伝』「マリウス」16.〔訳文は、プルタルコス、柳沼重剛訳『英雄伝3』京都大学学術出版会、2011年による。以下同様。ただし、引用箇所は邦訳では15節。〕

17●『年代記』XI, 20, 2.〔訳文は、タキトゥス、国原吉之助訳『年代記(上・下)』岩波文庫、1981年による。以下同様。〕

18●『年代記』XIII, 53, 2.

19●『ローマ皇帝群像』「プロブス」IX, 2.〔訳文は、アエリウス・スパルティアヌス他、井上文則訳『ローマ皇帝群像4』京都大学学術出版会、2014年による。以下同様。〕

20●同XX, 2.

21●『年代記』XIII, 35, 1.

22●同上。

23●『軍事論』III, 4.

24●Tome IV, supplément, Paris, An V de la République française, p.797-798.

25●外国の軍団に言及したビュジョー元帥(1787〜1849)の言葉を思い起こそう。「我々は、片手に剣を、もう片方の手にシャベルを持って進軍した」のであり、その時のスローガンは「剣と犂で(エンセ・エト・アラト)」であった。

26●Rebuffat, 1995.〔原書では、この註の後に、碑文の内容として「敬虔にして復讐者たるアントニヌス朝の」第3アウグスタ軍団との表記があるが、先行研究に基づき、「敬虔にして勝利者たるアントニヌス朝の」として訳出した。本碑文について、詳しくは、J. N. Adams, The Poets of Bu Njem: Language, Culture and the Centurionate, *The Journal of Roman Studies*, 89, 1999, pp.109-134を参照。〕

27●重い荷物を運ぶための荷車。

28●恐らく、ダマスクスやボスラとアカバを結ぶ、アラビア属州の新トラヤナ街道のこと。

29●Schmidt Heidenreich, op.cit., p.339.〔史料の出典は*P.Mich.*, VIII, 466。〕

30●タキトゥス『年代記』XI, 20, 3.

31●Gilbert, 2012, p.107.

32●現在のセルビアのスレムスカ・ミトロヴィツァ。シルミウムはパンノニア属州の州都だった。

33●ドナウ川の支流で、シルミウムを潤している。

34●『ローマ皇帝群像』「プロブス」XXI, 2.

35●Morin, 2014.

36●H. Bru, 2011, p.30の表現。

37●『年代記』XV, 42, 1.

運河の掘削

38●『英雄伝』「マリウス」16.〔既出の邦訳では15節。〕

39●テウトニ族に対する決定的な戦いが生じたのは前102年秋のことでしかなく、キンブリ族に対しては前101年のことだった。

40●『地理誌』IV, 1, 8. この著者はこの事業に多くの行を割いており、その中で掘削理由を説明している。後ほど、その内容を短く紹介する。

41●「ガイウス・マリウスの事業であり、彼の名を持つものとして有名なローヌ川からの運河」『博物誌』III, 5.

42●「この川の水の一部をフォッサ・マリアナ運河が流して舟航可能な水路となっている。それを除くと、岸辺に目ぼしいものはない。」『世界地理』II, 5.〔訳文は、飯尾都人訳編『ディオドロス「神代地誌」/ポンポニウス・メラ「世界地理」/プルタルコス「イシスとオシリス」』龍溪書舍、1999年によるが、史料原典のラテン語および本書原文の仏訳を踏まえ、一部改訳した。〕

43●同上。〔前註40参照。訳文の引用は、ストラボン、飯尾都人訳『ギリシア・ローマ世界地誌』龍渓書舎、1994年による。以下同様。〕

44●Vella, Leveau, Provansal, Gassend, Maillet, Sciallano, 1999, p.139.

45●このギリシア語の歴史家は、フランス語圏では伝統的にDion Cassiusと呼ばれているが、海外ではCassius Dionと呼ばれることが多い。現在では、史料からはこの新しい呼名を採用するほうが支持されている。Molin, 2016を参照。

46●タキトゥス『年代記』XI, 20, 2.

47●『ローマ史』LX, 30.

48●Morin, 2014, p.362.

49●Willems, Haalebos, 1999.

50●Morin, 2014, p.362.

51●恐らく、プラエトリウム・アグリッピナエ(現ファルケンブルク)に創設された第3ガリア人騎兵部隊と同様に、古ライン川のリメスの城塞が運河近くにあった。

52●大プリニウス『博物誌』IV, 5, 10.

53●Raepsaet, 1993.

54●スエトニウス『ローマ皇帝伝』「カエサル」XLIV.

55●同「カリグラ」XXI.〔訳文は、スエトニウス、国原吉之助訳『ローマ皇帝伝(上・下)』岩波文庫、1986年による。以下同様。〕

56●Le Bohec, 2014, p.38.

57●スエトニウス『ローマ皇帝伝』「ネロ」XXII. 彼は、オリンピア、ピュティア、ネメア、イストミアの競技祭に参加し(勝利し!)ている。

58●時代が変わっても儀式は続いている。どんな時代でも、大規模な事業の鍬入れを君主が象徴的に行うのが慣例となっている。例えば、1927年5月16日、偉大なる考古学者A・マイウリの指導の下でヘルクラネウムの新たな発掘が開始されるにあたり、国王ヴィットーリオ・エマヌエーレ3世が銀の鶴嘴で鍬入れを行った。その鶴嘴には、ラテン語で「ヘルクラネウムは発掘されねばならない(ヘルクラネウム・エッフォディエンドゥム・エスト)」と刻まれていた。

59●『全集』「ネロあるいは地峡の開削」「メネクラテスとムソニウス」LXXVIII, 3.〔この作品はルキアノスの名で伝わっているが、現在では、3世代にわたるフィロストラトスのいずれか(初代か?)の作品と考えられている。なお、LXXVIIIという数字は、原書で引用されたフランス語の訳本での本作品の番号。以下同様。〕

60● スエトニウス『ローマ皇帝伝』「ネロ」XIX.

61●『全集』「ネロあるいは地峡の開削」「メネクラテスとムソニウス」LXXVIII, 2.

62●ヘロドトス『歴史』I, 174.〔訳文の引用は、ヘロドトス、松平千秋訳『歴史(上)』岩波文庫、1971年による。〕

63●『ユダヤ戦記』III, 10, 10.〔訳文の引用は、フラウィウス・ヨセフス、秦剛平訳『ユダヤ戦記』ちくま学芸文庫、2002年による。以下同様。〕

64●『全集』「ネロあるいは地峡の開削」「メネクラテスとムソニウス」LXXVIII, 3.

65●Gerster, 1884, p.229-230.

66●*Op.cit.*, p.230-231.

67●『ローマ皇帝伝』「ネロ」XIX.

68●アウェルヌス湖はカンパニアのポッツォーリ市付近にある。

69●『ローマ皇帝伝』「ネロ」XXXI.

70●『年代記』XIII, 53.

71●モーゼル川・ムーズ川とソーヌ川を結ぶこの運河は確かに開削されたが、それは19世紀末、より正確に言えば1875年から1887年の間のことでしかなかった。東部運河である。

72●ローマの南東60キロメートルほどのところにあるフォルム・アッピイには、運河を渡るための港があった。フェロニアの神殿については、テッラチナの町の近くにあった。

73●Humm, 1996.

74●『地理誌』V, 3, 6.

75●ホラティウス『諷刺詩』I, 5.

76●Cuniculusという用語は、排水用や、様々な形の排水装置のための暗渠を意味している。イタリアでは、ローマの南東25キロメートルのネミ湖が、丘の下に掘られた導管によって見事な事例を提供してくれている。その放水路は1.6キロメートルにおよび、アリキア河谷に通じている。Grandizzi, 2008, chapiter III, “Eaux”参照。

77●*Op.cit.*, p.729. エトルリアの知見については、Liébert, 1997.

水道建設における軍隊の役割

78●『書簡集』X, 37 (46).〔訳文の引用は、國原吉之助訳『プリニウス書簡集』講談社学術文庫、1999年による。以下同様。〕

79●『書簡集』X, 38 (47).

80●Billard, 2006.

81●*Op.cit.*, p.48.

82●フロンティヌス『水道書』X.

83●『建築書』VIII, 5.

i●原書に出典は明記されていないが、引用部分は『ラテン語頌詞集 *Panegyrici Latini*』IX (V), 4, 3. 訳文は、西村昌洋訳「史料翻訳・解説 オータンのエウメニウスによる学校再建を求める演説」『西洋古代史研究』10、2010年、75-95ページによる。

84●Février, 1952.

85●*Manuel d'archéologie gallo-romaine*, IV, 1960, p.49-50とfig.16.

86●ガール水道橋とフレジュスの水道の人物浮彫りについては、*Revue archéologique*, 2010/2, 50, p.309-320.

87●Gébara, Michel, Guendon (dir.), 2002, p.236.

88●Fabre, Fiches, Paillet, 1997.

89●Brssac, 1999.

90●Janon, 2010, p.317-320.

91●ヘロデ大王(1世)は、前37年から前4年のユダヤ王である。

92●Ringel, 1974, p.597.

93●Janon, 1973.

94●*Op.cit.*, p.241.

95●前27年から26年、オクタウィアヌス(のちの皇帝アウグストゥス)は、第7アウグスタ軍団の退役兵たちのために、この地に植民市を創設した。その名をコロニア・ユリア・アウグスタ・サルデンシウム・セプティマナ・インムニスという。

96●ここに続く行は、J=P・ラポルトの1997年の素晴らしい論文に多くを負っている。〔引用されている碑文は*C.I.L.*, VIII, 2728 = *C.I.L.*, VIII, 18122 = *I.L.S.*, 5795であり、訳文はそれらに基づく。〕

97●この忠告は貴重なものだ。つまり、現場監督が、解釈を間違う危険性のある書面を持っていたことを教えてくれる。

98●この一文は、この類の作業の実施に必要な技術的能力が不可欠なものであり、軍の専門家の関与が必要とされていることを示している。

99●トンネルの寸法は、幅60から80センチメートル、高さは1.65から2メートルである。この数字は、2006年に結成された学際的な研究プロジェクトを報じた小冊子からの引用である。このプロジェクトの目的の1つは「トンネル掘削のために用いられた計算と、次のような本質的問題――つまり後2世紀半ばに水準測量技師(軍の技術者)ノニウス・ダトゥスはどうやって水路の連結をなし遂げたのか?――に回答することへの関心」である。『サルダエ(トゥジャ)の水道』と題されたこの小冊子は、2006年に、中世ブジーの数学史に関する研究グループ(GEHIMAB)によって刊行され、J=P・ラポルトが親切にも知らせてくれた。

100●Laporte, 1997, p.759.

101●*Op.cit.*, p.764.

街道の建設と修復

102●『ユダヤ戦記』III, 6, 2 (115).

103●同III, 7, 3 (141).

104●『軍事論』III, 6.

105●Chew, Stefan, 2015: scène 6 (p.37-39), 8 (p.53-54), 21 (p.129-131), 22 (p.137-139), 36 (p.241-244), 38 (p.255-257).

106●『ローマ史』XXXIX, 2.

ii●アドリア海の奥に位置するイタリア北西部の世界遺産アクィレイアではなく、ルッカ近郊のアクイレアのことか。いずれにせよ、フィレンツェとアレッツォを結ぶルートからは外れているため誤っている可能性が高い。

107●ドミティアヌス帝によって開かれた街道の始まりを画する、戦争のモチーフで飾られたこのようなアーチは残っていない。
108●『シルウァエ』IV, 3, 40-56と95-99.
109●Fabre, Mayer, Roda, 1984, p.283.
110●Le Roux, 2011, p.393.
111●Dondin-Payre, 1990, p.336; Le Roux, 2013, p.274; *I.L.S.*, 151.
112●*I.L.S.*, 5835.
113●Le Roux, 2011. アフリカにおいて第3アウグスタ軍団が関わった街道建設や修復の全てに言及するのは、本書の枠内では望むべくもない。その網羅的な見方については、Le Bohec, 1989, p.583（マイル標石）を参照。
114●Salama, 1951.
115●*I.L.S.*, 2478.
116●タキトゥスは、その『年代記』(IV, 5, 3)の中で、同じくこれらの2つの軍団がダルマティアにいたと証言している。
117●『年代記』XII, 55, 1.〔XII, 56, 1の誤りと思われる。〕
118●Bru, 2011, p.30-31; Aliquot, 2009, p.39-69.
119●Bru, 2011, p.31.
iii●ティタン族もキュクロプスも、いずれもギリシア神話に登場する巨人。ここでは、皇帝権の着手した土木事業の巨大さを強調するために用いられている。
120●「山を切り開く」という表現は、251年のカステッルム・ティッディタノルム（ティッディス、アルジェリア）の碑文にも見られる。しかし、この時には、「近隣を覆う残骸を人々に片付けさせ、上にあった禿山を平面まで切り開き、人々の健康のために水が満たされるよう配慮した」ことを自慢したのは、この町の恵与者だったマルクス・コッケイユス・アニキウス・ファウストゥス・フラウィアヌスである。Blas de Roblès, Sintès, 2003, p.131参照。〔この碑文冒頭でも「皇帝たちの寛大さと神的な先見の明」に基づくことが明記されており、皇帝権の宣伝という側面があったことは否定できない。詳しくは、H.-G. Pflaum (éd.), *Inscriptions latines de l'Algérie*, tome 2, Paris, 1957, no. 3596; A. Berthier, *Tiddis, cité antique de Numidie*, Paris, 2000, p.135-137を参照。〕
121●人々に山の岩を切り開かせるようなこれらの大規模な作業は、モロッコのフム・ザベルのトンネルの（近代の）碑文を思い起こさせる。そのトンネルは、1927年から1928年に外国人部隊の40人ほどの工兵によって6か月で掘削されたもので、こんな碑文を目にすることができる。「山が経路を塞いでいた。それにもかかわらず、通過させよとの命令が下された。そして部隊はそれをなし遂げた」（R・デメゾン博士の好意による）。

橋の建設

122●Le Roux, 2011, p.360.
123●Crogiez-Pétrequin, 2011.
124●*Op.cit.*, p.481.
125●カエサル『ガリア戦記』IV, 1.〔訳文の引用は、カエサル、高橋宏幸訳『ガリア戦記』岩波書店、2015年による。以下同様。〕
126●同IV, 16.
127●カエサルは自分自身のことを3人称単数で語っていることが知られている。
128●*Guerre des Gaules*, 1994, p.405, note 74.
129●II, 34.〔訳文の引用は、モンテーニュ、原二郎訳『エセー（四）』岩波文庫、1966年による。〕
130●カエサル『ガリア戦記』IV, 17.
131●ローマの兵士たちは、森林でのこの類の作業には精通していた。ウェゲティウスは、『軍事論』の第3巻第4章において、暴動を避けるために取るべき行動について論じるに際し、他のお勧めの方法とともに「兵士たちに木を伐らせ、加工させる」ことを推奨している。
132●『ローマ史』I, 45.
133●*Guerres des Gaules*, 1994, p.406でのC・グディノーの表現。
134●Goudineau, 1991, p.643.
135●Grandazzi, 2009, p.545.
iv●アウクストはスイス北部の自治体で、ルキウス・ムナティウス・プランクスが創設したとされる植民市アウグスタ・ラウリカの遺跡が残る。
136●キケロ『縁者・友人宛書簡集』X, 18, 4.〔訳文の引用は、大西英文・兼利琢也訳『キケロー選集16：書簡IV』岩波書店、2002年による。〕
137●Crogiez-Pétrequin, 2011, p.479.
138●ここでも、兵士たちの無為に関する指揮官たちの妄想を見出すことができる（本書「はじめに」を参照）。
139●『同時代史』II, 34.〔訳文の引用は、タキトゥス、國原吉之助訳『同時代史』ちくま学芸文庫、2012年による。以下同様。〕
140●タキトゥス『年代記』XV, 9, 1.
141●スエトニウス『ローマ皇帝伝』「カリグラ」XIX.
142●Stephan, Chew, 2015; Depeyrot, Errance, 2008; Coarelli, Rome, 1999.
143●VII, 13.
144●Sintès, 2001, 2011.
145●Rakob, 1997.
146●『ローマ皇帝群像』「タキトゥス」X;「ゴルディアヌス」XXXII, 2.
147●Tissot, 1884. *C.I.L.*, VIII, 10117参照。
148●Khanoussi, 1991.
149●Le Bohec, 1989.
150●Slim, Khanoussi, 1995, p.29.
151●Lamoine, Cébeillac-Gervasoni, 2007.
152●研究者は、慣例的に、「アントニヌス旅程表」に言及された「アド・フィネス」の宿駅と同定している。
153●Sillières, 2011.
154●マルトレイの橋に関しては、Fabre, Mayer, Roda, 1984, p.285, note 4を参照。
v●軍団はラテン語でlegioであり、その頭文字Lと、各軍団を示すローマ数字IV, VI, Xを組み合わせた印だということ。
155●Sillières, 2011, p.638.
156●Le Roux, 2011, p.359-360.
157●「北西部に配置された占領軍の総兵員数は、アウグストゥス以降、39年まで最大で2万7千人に上ったが、その後は1万8千人となった」。P. Le Roux, *op.cit.*, p.348.

ドナウ川流域の鉄門における
トラヤヌス帝の大規模プログラム

158●『トラヤヌス帝頌詞』16.
159●Bigot, 1886, p.296.

160●Boskovic, 1978.
161●*Op.cit.*, p.428.
162●ジェルダップの水力発電施設の建設により、ドナウ川の水面は20メートルほど上昇した。トラヤヌス帝のタブラが刻まれた岩塊は1969年に切り出され、見えるように移設された。
163●Petrovic, 1970, p.31-38とp.39-40; Boskovic, 1978, p.430-431.
164●Korac, Golubovic, Mrdic, Jeremic, Pop-Lazic, 2014, p.88.
165●この大規模な作業は、文字史料はわずかだけれども、75年、ウェスパシアヌス帝の治世にオロンテス川の川床を掘削して造られた分水路と類似している。その長さは3マイル(4.40キロメートル)に及び、川をより航行しやすくするためのものだった。その作業は、当時シリアに駐屯していた4つの軍団(第3ガッリカ、第4スキュティカ、第6フェッラタ、第16フラウィア)の分遣隊(ウェクシッラティオネス)によって実施され、そこに20の補助部隊と1つの補助騎兵部隊も加わっていた。Van Berchem, 1983を参照。
166●Petrovic, 1970, p.40.
167●トラヤヌス帝は、7万5千から8万の軍団兵と、7万から7万5千の補助部隊の兵士を集めたと推測されている。つまり、第1アディウトリクス、第1イタリカ、第1ミネルウィア、第2アディウトリクス、第3フラウィア、第5マケドニア、第7クラウディア、第10ゲミナ、第11クラウディア・ピア・フィデリス、第13ゲミナ、第14ゲミナ・マルティア・ウィクトリクス、第15アポッリナリス、第21ラパクス、第30ウルピア・ウィクトリクスの各軍団と、第2アウグスタ、第3アウグスタ、第3ガッリカ、第3スキュティカ、第6フェッラタ、第7ゲミナ、第9ヒスパニア、第12フルミナタ、第20ウァレリア・ウィクトリクス、第22プリミゲニアの各軍団からの分遣隊(ウェクシッラティオネス)である。
168●ドナウ川はギリシア語でイストロス川である。
169●『ローマ史』LVIII, 13.〔LXVIII, 13の誤り。〕
170●Popescu, 2012.
171●『建築について』IV, 11-13.〔IV, 6, 11-13の誤り。〕
172●『ローマ史』LXVIII, 13.
173●『建築について』IV, 11-13.〔IV, 6, 11-13の誤り。〕
174●残念なことに、この驚異的な工事に関してまとめられたはずのダマスクスのアポロドロスによる技術指南書は失われてしまった。
175●Popescu, 2012, p.317.
176●*Ibid.*
177●『書簡集』VIII, 4.

鉱山や採石場における軍隊の存在

178●Acte V, scene V.〔訳文の引用は、プラウトゥス、木村健治・宮城德也・五之治昌比呂・小川正廣・竹中康夫訳『ローマ喜劇集1』京都大学学術出版会、2000年による。ただし、邦訳では第五幕第四場。〕
179●『歴史叢書』III, 12-14.〔訳文の引用については、前註42の訳者補遺を参照。〕
180●ドイツのエーダー川の北。マッティウムは、ゲルマン人のカッティ族の主邑。
181●『年代記』XI, 20, 3.
182●大プリニウス『博物誌』XXXIII, 21, 71.
183●Le Roux, 1989, II, p.171-172; Andreau, 1990, p.93.
184●『博物誌』XXXIII, 78.
185●『エピグランマタ』IV, 39; XIV, 199.〔訳文は、藤井昇訳『マールティアーリスのエピグランマタ(上・下)』慶応義塾大学言語文化研究所、1973/1978年による。〕
186●Domergue, 1990.
187●Le Roux, 2011, p.362; Domergue, 1990, p.349.
188●鉱山内で滲み出てくる水の排水用の坑道のこと。
vi●「ローマ帝国の北西」と「フランスの北東」が混乱したもので、「北西」の誤りと思われる。
189●ノロワ・レ・ポン・ア・ムッソン。*C.I.L.*, XIII, 4623. Bedon, 1984, p.212参照。
190●*C.I.L.*, XIII, 7697. Bedon, 1984, p.213参照。
191●Reddé et al., 2006, p.72.
192●*C.I.L.*, XIII, 8036. Bedon, 1984, p.217参照。〔原書の仏訳、註で挙げられている*C.I.L.*のラテン語テクスト及びBedon, 1984, p.217のテクスト、そこで挙げられている*I.L.S.*, 2907のテクストがそれぞれ異なっているため、ここではBedon, 1984, p.217に基づき訳出した。〕
193●Lukas, 2002, p.174.
vii●原書に出典は記されていないが、スタティウス『シルウァエ』2, 2, 92と思われる。
194●採石場の監督に割り振られたものとして帝国内で知られたものの中では最大である。
195●Le Bohec, 2018, p.115.
196●Khanoussi, 1991.〔*A.E.*, 1992, 1820ほか〕
197●Aufrère, Golvin, Goyon, 1994.
198●Bingen, 2013; Bülow-Jacobsen, 2018.
199●Aufrère, Golvin, Goyon, 1994, p.221.〔ここで挙げられた文献でも、言及されているのはフランス語訳のみであるうえ、本書とは補い等が若干異なる。ここでは、原註で挙げられた文献の出典とされるA. Bernand, *Pan du Désert*, Leiden, 1977, pp.89-92に基づき訳出した。〕
200●Cuvigny, 2016, p.8-12.
201●Bingen, 2013, p.9.

植民市や都市の創設

202●Le Gall, 1970-1972, 1975.
203●Goudineau, 1980, p.261.
204●*Op.cit.*, p.266.
205●スエトニウス『ローマ皇帝伝』「カエサル」XLII.
206●タキトゥス『アグリコラ』(XXI, 1-3)にある有名な文章は、説得力のある証拠を提供してくれている。
207●Desbat, 2005.
208●タキトゥス『同時代史』I, 65.
209●植民市以外でも、例えばアラス(ネメタクム)のようなキウィタスの主邑など、数多くの都市の設置に、軍は同じように重要な役割を果たしたと想定される。Jacques, A., Prilaux, G. (dir.), *Dans le silage de César. Traces de romanisation d'un territoire, les fouilles d'Actiparc à Arras*, musée des Beaux-Arts d'Arras, Arras, 2003, p.40-42参照。
210●*C.I.L.*, VIII, 2355, 同17842で再録。
211●この文面は、下手くそに、いい加減なラテン語で刻まれている。"Venari, lavari, ludere, ridere, occ est vivere." ティムガドについては、Lancel, 2003; Blas de Roblès, Sintes, 2003; Golvin,

Laronde, 2001; Ferranti, 2013参照。
212●Le Bohec, 1989, p.582-583.
213●Chew, Stefan, 2015, p.80-81, pl. XIII.
214●Golvin, 1988, p.154-156; "L'amphithéâtre et le soldat sous l'Empire romain", in Le Roux, 2011, p.173-190.
215●Golvin, 1988, p.154; Hufschmid, 2009.
216●Golvin, 1988, p.155.
viii●原書に出典情報はないが、引用されているのは*C.I.L.*, VIII, 2488と思われる。
217●『有名言行録』II, 3, 2.
218●"L'amphithéâtre et le soldat", in Le Roux, 2011, p.180.
219●Golvin, 2012, p.136.

エピローグ：土木・公益事業における軍隊の影響

ix●原書に出典情報はないが、*C.I.L.*, II, 2559 = *C.I.L.*, II, 5639 = *I.L.S.*, 7728と思われる。
220●"Le phare, l'architecte et le soldat: l'inscription rupestre de La Corogne (*C.I.L.*, II, 2559)", in Le Roux, 2011, p.367-375.
221●*Op.cit.*, p.371.
222●『ローマ皇帝群像』「プロブス」IX, 4.
223●同XVIII, 8.
224●これらの疑問については、"Briques et tuiles militaires dans la péninsule Ibérique : problèmes de production et de diffusion", in Le Roux, 2011, p.417-428; Delencre, Garcia, 2011を参照。
225●"Devis de Pouzzoles", in *Vitruve*, 1909, p.291-294.
226●"Armée et operae : un état des lieux", in Le Roux, 2011, p.273-283.
227●*Op.cit.*, p.280.
228●もちろん、このような物事の見方が勝利を収めていた時代である、植民地というコンテクストにこの言葉を置き直してみるべきだろう。より一般的に言えば、歴史的現実を変容させるほどに甘言を弄して（非常に強固なイデオロギー的基盤に基づいて）ローマ軍に関してこのような言い方をすることは我々にはできなかった。そのことは明確にしておきたい。客観性に真摯な関心を払うなら、今日では、〔ローマ軍と〕人々との関係についてこのような見方を支持することはできない。

参考文献

古典資料

19世紀に刊行されたものについては、訳文を改めた場合がある。

Cassius Dion (Dion Cassius), *Histoire romaine*, tome VIII, traduit par E. Gros, Firmin Didot, Paris, 1866.
César, *Guerre des Gaules*, présentation C. Goudineau, professeur au Collège de France, traduit du latin par L.-A. Constans, Imprimerie Nationale, Paris, 1994.
Cicéron, *Œuvres complètes*, traduit par M. Nisard, tome V, Firmin Didot, Paris, 1869.
Eumène, "Discours pour la restauration des écoles d'Autun", *in* Lerat L., *La Gaule romaine, 249 textes traduits du grec et du latin*, Errance, Paris, 1977.
Flavius Josèphe, *Œuvres complètes*, tome V (livres I-III), traduit sous la direction de T. Reinach, Ernest Leroux, Paris, 1911.
Frontin, *Les Aqueducs de la ville de Rome*, texte établi, traduit et commenté par P. Grimal, collection des universités de France, série latine, coll. "Budé", Les Belles-Lettres, Paris, 1961.
Frontin, *Les Quatre Livres des Stratagèmes*, traduit et notes de M. Ch. Balty, publication du groupe "Ebooks libres et gratuits", http///www.ebooksgratuits.com.
Herodote, *Histoires*, livre I, traduit par Ph. E. Legrand, collection des universités de France, série grecque, coll. "Budé", Les Belles-Lettres, Paris, 2010.
Histoire Auguste, tome II, traduit par L. d'Aguen, Panckouke, Paris, 1847.
Horace, *Satires*, texte établi et traduit par F. Villeneuve, introduction et notes par O. Ricoux, collection des universités de France, série latine, coll. "Budé", Les Belles Lettres, Paris, 2001.
Lucien, *Œuvres complètes*, traduction nouvelle avec une introduction et des notes par E. Talbot, Hachette, Paris, 1912.
Pline le jeune, *Panégyrique de Trajan*, traduit par J.-L. Burnouf, J. Delalain, Paris, 1845.
Pline le Jeune, *Lettres*, traduit par D. Sacy et J. Pierrot, Garnier, Paris, 1920.
Pline l'Ancien, *Histoire Naturelle*, texte traduit, présenté et annoté par S. Schmitt, Bibliothèque de la Pléiade, Gallimard, 2013.
Plutarque, *Les Vies des hommes illustres*, traduit par Ricard, Furne et Cie, Paris, 1840.
Pomponius Mela, *Géographie*, traduit par L. Baudet, Panckouke, Paris, 1843.
Procope, *Sur les monuments*, traduit par M. Cousin, Foucault Libraire, Paris, 1685.
Stace, *Silves*, traduit par H. Clouard, Garnier, Paris, 1935.
Strabon, *Géographie*, traduction nouvelle par A. Tardieu, Hachette, 1867.

Suétone, *Vies des douze Césars*, traduit par M. Baudement, Dubochet et Le Chevalier, Paris, 1845.
Tacite, *Œuvres complètes*, traduit par J.- L. Burnouf, Librairie L. Hachette et Cie, Paris, 1859.
Tite-Live, *Histoire romaine*, traduit par M. Nisard, Firmin Didot, Paris, 1864.
Valère Maxime, *Actions et paroles mémorables*, traduit par P. Constant, Garnier, Paris, 1935.
Végèce, *Traité de l'art militaire*, traduction nouvelle de V. Develay, Librairie Corréard, Paris, 1859.
Vitruve, *Les dix Livres d'architecture*, traduction de C. Perrault revue et corrigée par A. Dalmas, Errance, Paris, 1986.

はじめに

Adam J.-P., *La Construction romaine. Matériaux et techniques*, Picard, Paris, 1984 (7e édition, 2017).
Bardouille J., "L'importance du génie militaire dans l'armée romaine à l'époque impériale", *Revue historique des armées*, 261, 2010, p.79-87.
Bru H., *Le Pouvoir impérial dans les provinces syriennes. Représentations et célébrations d'Auguste à Constantin (31 av. J.-C.-337 apr. J.-C.)*, *Culture and History of the Ancient Near East*, vol. IL, Leyde/Boston, 2011.
Donderer C., *Die Architekten der späten römischen Republik und der Kaiserzeit. Epigraphische Zeugnisse*, Université d'Erlangen, 1996.
Gilbert F., *Le Soldat romain à la fin de la République et sous le Haut-Empire*, coll. "Histoire vivante", Errance, Arles, 2012.
Gros P., *Les Architectes grecs, hellénistiques et romains (VIe siècle av. J.-C.-IIIe siècle apr. J.-C.)*, *in* L. Callebat (dir.), *Histoire de l'architecte*, Flammarion, Paris, 1998, p.19-41.
Le Bohec Y., *La Guerre romaine (52 av. J.-C.-253 apr. J.-C.)*, coll. "L'art de la guerre", Tallandier, Paris, 2014.
Le Bohec Y., *L'Armée romaine sous le Haut-Empire*, Picard, Paris, 2018.
Le Roux P., *La Toge et les armes. Rome entre Méditerranée et Océan*, Presses universitaires de Rennes, coll. "Histoire", Rennes, 2011.
Morin M. S., *Le Delta du Rhin de César à Julien. Les représentations d'un environnement deltaïque aux frontières du monde romain*, thèse de doctorat. université de Franche-Comté et université de Laval, 2014.
Rebuffat R., "Le centurion M. Porcius Iasucthan à Bu Njem (notes et documents XI)", *Libya Antiqua, New Series*, I, 1995, p.79-123.
Wolff C. (dir.), *Le Métier de soldat dans le monde romain*, Actes du 5e congrès de Lyon, 23-25 septembre 2010, université Jean-Moulin-Lyon 3, CEROR, De Boccard, Paris, 2012. とりわけ、下記の論文を参照。C. Schmidt Heidenreich, "Les soldats bâtisseurs dans les camps sous le Haut-Empire", p.327-340 と、Y. Le Bohec, "Conclusions", p.535.

運河の掘削

Gerster B., "L'Isthme de Corinthe. Tentative de percement dans l'Antiquité", *Bulletin de Correspondance hellénique*, 8, 1884, p.225-232 et pl. VIII.
Grandizzi A., *Alba Longa, histoire d'une légende. Recherches sur l'archéologie, la religion, les traditions du Latium*, *Bibliothèque des Écoles françaises d'Athènes et de Rome*, 336, 2008.
Humm M., "Appius Claudius Caecus et la construction de la via Appia", *Mélanges de l'École française de Rome, Antiquité*, 108/2, 1996, p.693-746.
Landuré C., Vella C., Charlet M., *La Camargue autour d'un méandre, études archéologiques et environnementales du Rhône d'Ulmet*, Société Spirale, Istres, 2015, p.126-131.
Le Bohec Y., *La Guerre romaine (52 av. J.-C.-253 apr. J.-C.)*, coll. "L'art de la guerre", Tallandier, Paris, 2014.
Liébert Y., "Note sur l'hydraulique étrusque", *in* Bedon R. (dir.), *Les Aqueducs de la Gaule romaine et des régions voisines*, actes du colloque de Limoges (10-11 mai 1996), *Caesarodunum*, 31, 1997, p.549-558.
Molin M., "Biographie de l'historien Cassius Dion", in *Cassius Dion, nouvelles lectures*, ouvrage édité par V. Fromentin, E. Bertrand, M. Coltelloni-Trannoy, M. Molin, G. Urso, *Scripta Antiqua*, 94, volume II, 2016, p.431-446.
Morin M. S., *Le Delta du Rhin de César à Julien. Les représentations d'un environnement deltaïque aux frontières du monde romain*, thèse de doctorat. université de Franche-Comté et université de Laval, 2014.
Raepsaet G., "Le diolkos de l'isthme à Corinthe : son tracé, son fonctionnement, avec une annexe. Considérations techniques et mécaniques", *Bulletin de Correspondance hellénique*, 117, 1, 1993, p.233-261.
Vella C., Leveau P., Provansal M., Gassend J.-M., Maillet B., Sciallano M., "Le canal de Marius et les dynamiques littorales du golfe de Fos", *Gallia*, 56, 1999, p.131-139.
Willems W. J. H., Haalebos J. K., "Recent Research on the limes in the Netherlands", *Journal of Roman Archaeology*, 12, 1999, p.247-262.

水道建設における軍隊の役割

Bessac J.-C., "Légionnaire ou carrier ? Le personnage sculpté du pont du Gard", *Revue Archéologique de Narbonnaise*, 32, 1999, p.245-254.
Billard A., *Sismicité et monuments antiques. Les ponts-canaux sur les aqueducs romains du Bassin méditerranéen*, thèse de doctorat, université Michel de Montaigne-Bordeaux III, 2006.

Billard A., *Risque sismique et patrimoine bâti. Comment réduire la vulnérabilité : savoirs et savoir-faire*, coll. "Eurocode", Afnor Éditions, Eyrolles, 2014.
Fabre G., Fiches J.-L., Paillet J.-L., "L'aqueduc de Nîmes et le drainage de l'étang de Clausonne : hypothèse sur le financement de l'ouvrage et l'identité de son constructeur", *in* Bedon R. (dir.), *Les Aqueducs de la Gaule romaine et des régions voisines*, actes du colloque de Limoges (10-11 mai 1996), *Caesarodunum*, 31, 1997, p.209.
Février P.-A., "Récentes découvertes archéologiques de Fréjus", *Provence historique*, III, 9, 1952, p.73-74.
Février P.-A., "L'armée romaine et la construction des aqueducs", *Dossiers d'Archéologie*, 38, oct.-nov. 1979, p.88-93.
Frontin, *Les Aqueducs de la ville de Rome*, texte établi, traduit et commenté par Pierre Grimal, coll. des Universités de France, Paris, Les Belles-Lettres, 1961.
Gébara C., Michel J.-M., Guendon J.-L. (dir.), *L'Aqueduc romain de Fréjus*, *Revue Archéologique de Narbonnaise*, supplément 33, 2002.
Grenier A., *Manuel d'archologie gallo-romaine. 4 : Les Monuments des eaux*, Picard, Paris, 1960.
Janon M., "Recherches à Lambèse. I. La ville et les camps. II. *Aquae Lambaesitanae*", *Antiquités africaines*, 7, 1973, p.193-254.
Janon M., "À propos des reliefs figurés du Pont-du-Gard et de l'aqueduc de Fréjus", *Revue Archéologique*, 50, 2010, p.309-320.
Laporte J.-P., "Notes sur l'aqueduc de *Saldae* (Bougie)", *L'Africa Romana*, XI, 1994 [1996], p.711-762.
Laporte J.-P., "Notes sur l'aqueduc de *Saldae* (= Bougie, Algérie)", *in* Bedon R. (dir.), *Les Aqueducs de la Gaule romaine et des régions voisines*, actes du colloque de Limoges (10-11 mai 1996), *Caesarodunum*, 31, 1997, p.747-779.
Lassère J.-M., Griffe M., "Inscription de Nonius Datus (*C.I.L.*, VII, 2728 et 18122 ; *I.L.S.*, 5795)", *Vita Latina*, 145, 1997, p.11-17.
Ringel J., *Deux nouvelles inscriptions de l'aqueduc de Césarée Maritime*, *Revue Biblique*, LXXXI, 1974, p.597-600.

街道の建設と修復

Aliquot J., *La Vie religieuse au Liban sous l'Empire romain*, Bibliothèque archéologique et historique, Presses de l'Ifpo, Beyrouth, 2009.
Blas de Roblès J.-M., Sintès C., *Sites et monuments antiques de l'Algérie*, coll. "Archéologies", Edisud, Aix-en-Provence, 2003.
Bru H., *Le Pouvoir impérial dans les provinces syriennes. Représentations et célébrations d'Auguste à Constantin (31 av. J.-C.-337 apr. J.-C.)*, Culture and History of the ancient Near East, Leyde-Boston, 2011.
Chevallier R., *Les Voies romaines*, Picard, Paris, 1997.
Chew H., Stefan A. S., *La Colonne Trajane*, Picard, Paris, 2015.
Coulon G., *Les Voies romaines en Gaule*, Errance, Arles, 2013.
Dondin-Payre M., "L'intervention du proconsul d'Afrique dans la vie des cités", actes du colloque de Rome (3-5 décembre 1987), *Publications de l'École française de Rome*, 134, 1990, p.333-349.
Duval P.-M., "Construction d'une voie romaine d'après les textes antiques", *Bulletin de la Société nationale des Antiquaires de France*, 1959, p.176-186.
Fabre G., Mayer M., Roda I., "À propos du pont de Martorell : la participation de l'armée à l'aménagement du réseau routier de la Tarraconaise orientale sous Auguste", *in* Étienne R. (dir.), *Épigraphie hispanique, problèmes de méthode et d'édition*, table ronde internationale, Bordeaux (1981), centre P. Paris, 1984, p.282-288.
Kissel T., "Wider di Natur. Strassen erobern die Landschaft", *in "Alle Wege führen nach Rom...", Internationales Römerstrassenkolloqium Bonn*, coll. "Materialien zur Bodendenkmalpflege im Rheiland" 16, Rhein Eifel. Mosel Verlag, Pulheim, 2004, p.249-264.
Le Bohec Y., *La Troisième légion Auguste*, CNRS, Paris, 1989.
Le Roux P., *La Toge et les armes. Rome entre Méditerranée et Océan*, Presses universitaires de Rennes, coll. "Histoire", Rennes, 2011.
Salama P., Les *Voies romaines de l'Afrique du Nord*, Gouvernement général de l'Algérie, Alger, 1951.
Yon J.-B., "Voies romaines de l'Orient de la Méditerranée à la mer Rouge", in *Les Voies romaines autour de la Méditerranée*, *Dossiers d'Archéologie*, 343, janv.-fév. 2011, p.52-58.

橋の建設

Barruol G., Fiches J.-L., Garmy P. (dir.), *Les Ponts routiers en gaule romaine*, actes du colloque du pont du Gard (8-11 octobre 2008), *Revue Archéologique de Narbonnaise*, supplément 41, 2011.
Chew H., Stefan A. S., *La Colonne Trajane*, Picard, Paris, 2015.
Coarelli F., *La Colonna Traiana*, Colombo, Rome, 1999.
Crogiez-Pétrequin S., "Les ponts routiers de Gaule dans les sources écrites de l'Antiquité", *in* Barruol G., Fiches J.-L., Garmy P. (dir.), *Les Ponts routiers en Gaule romaine*, actes du colloque du pont du Gard (8-11 octobre 2008), *Revue Archéologique de Narbonnaise*, supplément 41, 2011, p.473-489.
Depeyrot G., *Légions romaines en campagne. La colonne Trajane*, Errance, Paris, 2008.
Fabre G., Mayer M., Roda I., "À propos du pont de Martorell : la participation de l'armée à l'aménagement du réseau routier de la Tarraconaise orientale sous Auguste", *in* Étienne

R. (dir.), *Épigraphie hispanique, problèmes de méthode et d'édition*, table ronde internationale, Bordeaux (1981), centre P. Paris, 1984, p.282-288.
Fleury P., *La Mécanique de Vitruve*, Presses universitaires de Caen, Caen, 1993.
Goudineau C., "La guerre des Gaules et l'archéologie", *Comptes-rendus des séances de l'Académie des inscriptions et belles-lettres*, 135-4, 1991, p.641-653.
Goudineau C., *César et la Gaule*, Errance, Paris, 2000.
Grandazzi A., "*Summa difficultas faciendi pontis* : César et le passage du Rhin en 55 av. J.-C. (*B.G.*, IV, 17). Une analyse sémiologique", *Mélanges de l'École française de Rome, Antiquité*, 121/2, 2009, p.545-570.
Khanoussi M., "Nouveaux documents sur la présence militaire dans la colonie julienne augustéenne de Simitthus (Chemtou, Tunisie)", *Comptes-rendus des séances de l'Académie des inscriptions et belles-lettres*, 4, 1991, p.825-839.
Lamoine L., Cébeillac-Gervasoni M., "Le pont dans l'Antiquité romaine à travers les témoignages épigraphiques : continuité du cheminement et permanence du pouvoir. À propos de l'inscription AE, 1975, 134 (Tibre, confluene du Fossé Galeria)", *Siècles, Cahiers du Centre d'histoire "Espaces et Cultures"*, 25, 2007, p.15-33.
Le Bohec Y., *Les Unités auxiliaires de l'armée romaine en Afrique proconsulaire et Numidie sous le Haut-Empire*, CNRS, Paris, 1989, p.67-93.
Le Roux P., *Romains d'Espagne. Cités et politique dans les provinces (IIe s. av. J.-C.-IIIe s. apr. J.-C.)*, Armand Colin, Paris, 1995.
Le Roux P., *La Toge et les armes. Rome entre Méditerranée et Océan*, Presses universitaires de Rennes, coll. "Histoire", Rennes, 2011.
Rakob F., "Chemtou. Aus der römischen Arbeitwelt", *Antike Welt, Zeitschrift für Archäologie und Kulturgeschichte*, 28, 1, 1997, p.1-20.
Sillières P., "Les ponts romains de la péninsule ibérique, chronologie et approche des techniques architecturales", *in* Barruol G., Fiches J.-L., Garmy P. (dir.), *Les Ponts routiers en Gaule romaine*, actes du colloque du pont du Gard (8-11 octobre 2008), *Revue Archéologique de Narbonnaise*, supplément 41, 2011, p.633-646.
Sintès C., "Le pont de bateaux d'Arles", *in* Bedon R., Malissard A. (dir.), *La Loire et les fleuves de la Gaule romaine et des régions voisines*, *Caesarodunum*, 33-34, 2001, p.153-175.
Sintès C., "Arles, Bouches-du-Rhône, pont de bateaux", *in* Barruol G., Fiches J.-L., Garmy P. (dir.), *Les Ponts routiers en Gaule romaine*, actes du colloque du pont du Gard (8-11 octobre 2008), *Revue Archéologique de Narbonnaise*, supplément 41, 2011, p.39-40.
Slim H., Khanoussi M., "Les grandes découvertes d'époque romaine", in *La Tunisie. Carrefour du monde antique*, *Dossiers d'Archéologie*, 200, 1995, p.18-29.
Tissot Ch. J., "Le bassin du Bagrada et la voie romaine de Carthage à Hippone par *Bulla Regia*", *Mémoires présentés par divers savants à l'Académie des inscriptions et belles-lettres et l'Institut de France*, Première série, 9, partie II, 1884, p.10-13.

ドナウ川流域の鉄門における
トラヤヌス帝の大規模プログラム

Bigot C., *Grèce-Turquie, le Danube*, P. Ollendorff, Paris, 1886.
Boskovic D., "Aperçu sommaire sur les recherches archéologiques du limes romain et paléobyzantin des Portes de Fer", *Mélanges de l'École française de Rome, Antiquité*, 90/1, 1978, p.425-463.
Korac M., Golubovic S., Mrdic N., Jeremic G., Pop-Lazic S., *Frontiers in the roman Empire. Roman limes in Serbia*, Institute of Archaeology, Belgrade, 2014.
Oltean R., *Dacia Razboaiele cu Romanii. Volume I : Sarmizegetusa*, Art Historia, Bucarest, 2013.
Pavlovic D.S., "Sauvetage archéologique aux Portes de Fer", *Archéologia*, 35, 1970, p.62-66.
Pavlovic D.S., "Nouvelle étape dans la recherche et la sauvegarde des monuments de la région des Portes de Fer", Unesco-Icomos, XVII, 1978, p.93-103.
Petrovic P., "Nouvelle Table de Trajan dans le Djerdap", *Starinar*, XXI, Belgrade, 1970, p.39-40.
Popescu M., "*Drobeta* : à l'ombre du pont", *in* Wolff C. (dir.), *Le Métier de soldat dans le monde romain*, actes du 5e congrès de Lyon (23-25 septembre 2010), université Jean-Moulin-Lyon 3, CEROR, De Boccard, Paris, 2012, p.311-325.
Van Berchem D., "Une inscription flavienne du musée d'Antioche", *Revue suisse pour l'étude de l'Antiquité classique*, 40, 1983, p.185-196.

鉱山や採石場における軍隊の存在

Andreau J., "Recherches récentes sur les mines à l'époque romaine. I : Propriété et mode d'exploitation", *Revue Numismatique*, 31, 1989, p.8-112.
Andreau J., "Recherches récentes sur les mines à l'époque romaine. II : Nature de la main-d'œuvre ; Histoire des techniques et de la Production", *Revue Numismatique*, 32, 1990, p.85-108.
Aufrère S.-H., Golvin J.-C., Goyon J.-C., *L'Égypte restituée*, tome II. *Sites et temples des déserts de la naissance de la civilisation pharaonique à l'époque gréco-romaine*, Paris, Errance, 1994.
Bedon R., *Les Carrières et les carriers en Gaule romaine*, Picard, Paris, 1984.

Bingen J., "Le site impérial du *Mons Claudianus* (désert oriental d'Égypte)", *Diogène* n° 241, 2013 [1], p.7-14.
Bülow-Jacobsen A., "Les carrières « sous-titrées »", *in* Brun J.-P., Faucher T., Redon B., Sidebotham S. (dir.), *Le Désert oriental d'Égypte durant la période gréco-romaine : bilans archéologiques*, Collège de France, Paris, 2018.
Cuvigny H., "Travailler pour l'empereur. Artisans et tâcherons au *Mons Claudianus*", *Les Nouvelles de l'Archéologie*, 143, 2016, p.8-12.
Domergue C., *Les Mines de la péninsule Ibérique dans l'Antiquité romaine, Publications de l'École française de Rome*, 127, 1990.
Golvin J.-C., Reddé M., "Du Nil à la mer Rouge, documents anciens et nouveaux sur les routes du désert oriental d'Égypte", *Karthago*, 21, 1986, p.5-64.
Gros de Beler A., *Les Anciens Égyptiens. Tome II : Guerriers et travailleurs*, Errance, Paris, 2006.
Khanoussi M., "Nouveaux documents sur la présence militaire dans la colonie julienne augustéenne de *Simitthus* (Chemtou, Tunisie)", *Comptes-rendus des séances de l'Académie des inscriptions et belles-lettres*, 4, 1991, p.825-839.
Lambrechts P., "Traces de croyances au Kriemhildenstuhl (Bad-Darkheim)", *L'Antiquité classique*, XIX, 1, 1950, p.169-172.
Le Bohec Y., *L'Armée romaine sous le Haut-Empire*, Picard, Paris, 2018.
Le Roux P., "Exploitations minières et armées romaines : essai d'interprétation", *in* Domergue C. (coord.), *Mineria y Métalurgica en las antiguas civilizaciones mediterraneas y europeas. Coloquio Internacional Asociado, Madrid, 24-28 octubre 1985*, II, Madrid, 1989, p.171-182.
Le Roux P., *La Toge et les armes. Rome entre Méditerranée et Océan*, Presses universitaires de Rennes, coll. "Histoire", Rennes, 2011.
Lukas D., "Carrières et extractions romaines dans le Nord-Est-de la Gaule et en Rhénanie", Dossier "Carrières antiques de la Gaule", *Gallia*, 59, 2002, p.155-174.
Rakob F., "Carrières antiques en Tunisie", in *La Tunisie, carrefour du monde antique, Dossiers d'Archéologie*, 200, 1995, p.62-69.
Reddé M., *et. al.*, *L'Architecture de la Gaule romaine. Les fortifications militaires, Documents d'archéologie française*, 100, 2006.
Slim H., M. Khanoussi M., "Les grandes découvertes d'époque romaine", in *La Tunisie, carrefour du monde antique, Dossiers d'Archéologie*, 200, 1995, p.28-29.
Sprater F., *Limburg und Kriemhildenstuhl*, Speyer, 1948.

植民市や都市の創設

Blas de Roblès J.-M., Sintès C., *Sites et monuments antiques de l'Algérie*, Edisud, coll. "Archéologies", Aix-en-Provence, 2003.
Chew H., Stefan A. S., *La Colonne Trajane*, Picard, Paris, 2015.
Desbat A. (dir.), *Lugdunum, naissance d'une capitale*, In Folio, Gollion, 2005.
Ferranti F., *Voyage en Algérie antique*, textes de D. Fernandez, M. Christol et S. Ferdi, Actes Sud [Barzakh], Arles, 2013.
Golvin J.-C., *L'Amphithéâtre romain, essai sur la théorisation de sa forme et de ses fonctions*, publications du centre Pierre-Paris, université Michel de Montaigne-Bordeaux III, De Boccard, Paris, 1988.
Golvin J.-C., *L'Amphithéâtre romain et les jeux du cirque dans le monde antique*, Archéologie vivante, Lacapelle-Marival, 2012.
Golvin J.-C., Janon M., "L'amphithéâtre de Lambèse (Numidie) d'après des documents anciens", *Bulletin archéologique du Comité des Travaux historiques et scientifiques*, nouvelle série, 12-14, 1976-1978, fascicule B, Afrique du Nord, 1980, p.165-189.
Golvin J.-C., Laronde A., *L'Afrique antique. Histoire et monuments. Libye, Tunisie, Algérie, Maroc*, Tallandier, Paris, 2001.
Goudineau C., "Les villes de la paix romaine", *in* Duby G. (dir.), *Histoire de la France urbaine. Tome I : La Ville antique*, Seuil, Paris, 1980, p.233-391.
Hufschmid T., *Amphitheatrum in Provincia et Italia. Architektur un Nutzung römischer Amphitheater von Augusta Raurica bis Puteoli*, Römermuseum, Augst, 3 volumes, 2009.
Lancel S., *L'Algérie antique. De Massinissa à saint Augustin*, Mengès, Paris, 2003.
Le Bohec Y., *La Troisième légion Auguste*, CNRS, Paris, 1989.
Le Gall J., "Les rites de fondation des villes romaines", *Bulletin de la Société nationale des Antiquaires de France*, 1970-1972, p.292-307.
Le Gall J., "Les Romains et l'orientation solaire", *Mélanges de l'École française de Rome, Antiquité*, 87/1, 1975, p.287-320.
Le Roux P., *La Toge et les armes. Rome entre Méditerranée et Océan*, Presses universitaires de Rennes, coll. "Histoire", Rennes, 2011.

エピローグ：土木・公益事業における軍隊の影響

Choisy A., *Vitruve*, tome III, texte et traduction, livres VII-X, textes annexes, Paris, 1909.
Delencre F. et Garcia J.-P., "La distribution des tuiles estampillées de la VIIIe légion Augusta autour de Mirebeau-sur-Bèze (Côte-d'Or, France)", *Revue Archéologique de l'Est*, LX, 2011, p.553-562.
Isaac B., *The limits of Empire. The roman Army in the East*, Clarendon Press, Oxford, 2004.
Le Roux P., *La Toge et les armes. Rome entre Méditerranée et Océan*, Presses universitaires de Rennes, coll. "Histoire", Rennes, 2011.

地名索引

その土地に関係する図版を掲載しているページは紺色で表記した。

ナ

ハ

マ

ヤ

ラ

訳者あとがき

本書の翻訳を依頼されたのは、ちょうど1年ほど前のことだった。古代ローマ史が専門で軍事史にも詳しそうだから、という理由で名前を挙げていただいたのだが、正直なところ困惑したのを覚えている。たまたま『軍事史学』という雑誌で古代ローマ特集が組まれた際に手持ちのテーマで寄稿しただけで、軍事史に特別関心があったわけではなかったし、土木技術に関しては全くの素人だったからである。それでも翻訳を引き受けたのは、本書が魅力的だったから、ということになるだろう。決め手になったのは、自分が関心を寄せているローマ帝政期北アフリカの碑文史料、とりわけサルダエの水道建設について記した軍団兵ノニウス・ダトゥスの碑文が紹介されている点だった。この碑文については、10年以上前に書いた論文でわずかに触れたものの、その後、自分なりに論じる視点を見出せずにきた。それに再度取り組む良い機会になるだろう、と思ったのである。また、頂いていた科研費（18K01026）の研究成果を活かすこともできそうだった。そういうわけで、本書は科研費の成果の一部でもある。とは言え、訳者は古代ローマ史の勉強はしていても、土木技術については素人であることに変わりはない。可能な限り正確を期したつもりだが、思わぬミスも残っているかもしれない。お気付きの点はご指摘いただければ幸いである。

本書刊行に際しては、マール社の角倉一枝さんにお世話になった。記して謝意を表したい。また、翻訳原稿の作成にあたっては妻の助言にしばしば助けられた。いつも最初にして最も厳しい査読者である妻の薫に、感謝を捧げたい。最後に、作業をしばしば妨害してくれた子供たちに本書を捧げることをお許しいただきたいと思っている。

2021年10月、琵琶湖の畔にて

訳者

ジェラール・クーロン　Gérard Coulon
文化遺産主任学芸員。元アルゲントマグス博物館館長、前トゥーレーヌ州立文化財・博物館課課長。エランス社で出版された著書に、『L'Enfant en Gaule romaine(ローマ期ガリアの子ども)』、『Les Gallo-Romains(ローマ期ガリアの人々)』、『Argentomagus(アルゲントマグス)』などがある(いずれも未邦訳)。

ジャン＝クロード・ゴルヴァン　Jean-Claude Golvin
フランス政府認定(DPLG)建築家。フランス国立科学研究センター(CNRS)研究主任。古代遺跡の復元図制作の世界的第一人者。著書に『鳥瞰図で見る古代都市の世界――歴史・建築・文化』(原書房)、『Voyage en Égypte ancienne(古代エジプトへの旅)』、『Voyage chez les empereurs romains(ローマ皇帝の宮殿への旅)』(いずれも未邦訳)などがある。

二人の共著で邦訳されたものに、『絵で旅するローマ帝国時代のガリア――古代の建築・文化・暮らし』(瀧本みわ／長谷川敬訳、マール社、2019年)がある。

［翻　訳］　大清水 裕 Oshimizu Yutaka
1979年生まれ。東京大学大学院人文社会系研究科博士課程修了、博士(文学)。現在、滋賀大学教育学部教授、兵庫教育大学大学院連合学校教育学研究科(博士課程)兼職。著書に『ディオクレティアヌス時代のローマ帝国』(単著、山川出版社、2012年)など、訳書に B・レミィ『ディオクレティアヌスと四帝統治』(単訳、白水社、2010年)、B・ランソン『コンスタンティヌス――その生涯と治世』(単訳、白水社、2012 年)、B・ランソン『古代末期――ローマ世界の変容』(瀧本みわとの共訳、白水社、2013年)がある。

［装　幀］　坂根 舞 (井上則人デザイン事務所)

［DTP 協力］　渡辺 信吾(株式会社ウエイド)

古代ローマ軍の土木技術
街道・水道・運河などの建設事業をイラストで再現

2022年2月20日　第1刷発行

［著　者］　ジェラール・クーロン、ジャン＝クロード・ゴルヴァン
［訳　者］　大清水 裕
［発行者］　田上 妙子
［印　刷］　モリモト印刷株式会社
［製　本］　株式会社新寿堂
［発行所］　株式会社マール社

〒113-0033　東京都文京区本郷1-20-9
TEL　03-3812-5437　FAX　03-3814-8872
https://www.maar.com/

ISBN 978-4-8373-0919-2　Printed in Japan